ひょうご鉄学いまむかし

播磨のたたら製鉄

兵庫県立歴史博物館ひょうご歴史研究室・編
村上 泰樹・土佐 雅彦・坂江 渉 監修

神戸新聞総合出版センター

刊行にあたって

〈皆さん、鉄はどんなところに使われているかご存じですか？　家の中では家具や家電、公園では遊具や柵、街中では電車や橋、ビルの鉄骨など、さまざまなところに鉄が使われています。〉

これは、東京北の丸公園の科学技術館を会場に今年の６月開催された「鉄はくるくるリサイクル　遊ぼ～触ろ～学ぼ～　鉄学フェス！」の様子を伝える一文です。社会の発展に欠かせない鉄が、繰り返しいろんなものにリサイクルされてきた優れた素材であることを示そうと、（一社）日本鉄鋼連盟が始めたものですが、幼児の段階から、遊ぶことを通じてモノを理解する取り組みには大いに啓発されます。

日本鉄鋼連盟は昭和23年（1948）に設立された一般社団法人で、鉄鋼業の総合的な調査・研究を目的としています。その活動は多彩ですが、近年では「鉄のことをもっとくわしく知りたい」という全国の小学生に向けて、理科と社会の副読本『ワクワク鉄学』と『ハツラツ鉄学』を作っています。

『ハツラツ鉄学』では鉄づくりの流れが、①鉄鉱石から鉄を取りだす、②加工しやすい鋼をつくる、③うすく長く、のばして、できあがり、と三段階で記されています。高炉、転炉、電気炉の写真が添えられ、働く人びとの談話も付いています。そして最後に「日本の製鉄の歴史と未来を見てみよう。」として、未来に挑戦するカーボンニュートラルの取り組みと並んで、昔の鉄づくりが、つぎのように紹介されています。

〈９世紀頃、出雲地方を中心に砂鉄と木炭を原料に「たたら」という炉で鉄が作られるようになりました。17世紀にはこの技術が発達し、世界的に有名な日本刀や農耕具の鉄が、この方法でつくられました。〉

ブックレット『ひょうご鉄学いまむかし―播磨のたたら製鉄―』は、たたら研究の先進地である岡山県・島根県・鳥取県の調査・研究に学びながら、ひょうご歴史研究室たたら製鉄研究班9年間の成果として取りまとめたものです。『ワクワク鉄学』や『ハツラツ鉄学』にならい、『ひょうご鉄学』と題名を付けました。内容的に難しい部分もあり、読者の想定は高校生以上と言わざるを得ませんが、日本の一つの地域における鉄の歴史ハンドブックとして読まれることを希望します。

令和６年（2024）８月

兵庫県立歴史博物館館長兼ひょうご歴史研究室長
藪田　貫

CONTENTS 目次

刊行にあたって……薮田　貫　2
はじめに……永惠裕和　5

第1部　鉄づくりの始まり

人類と鉄　－西アジアの鉄器文化－……村上泰樹　8
東アジアの鉄　－中国・朝鮮半島－……村上泰樹　10
鍛冶と鉄器づくり……村上泰樹　12
製鉄の始まり……村上泰樹　14
鹿庭山の鉄と木簡……村上泰樹　16
志深屯倉と吉備の鉄……坂江　渉　20
千草鉄と備前刀……大村拓生　22
中世の鉄生産……村上泰樹　24

第2部　播磨のたたら製鉄

播磨の山内風景　－荒尾鉄山と天児屋鉄山－……土佐雅彦　28
究極の湿気抜き「床釣」……土佐雅彦　32
平瀬家とたたら製鉄……笠井今日子　34
鉄山の支配と山方役所……笠井今日子　36
三つの谷の鉄山稼ぎ……笠井今日子　38
鉄穴流し……土佐雅彦　40

木炭と炉の粘土……土佐雅彦 42
製鉄炉の操業……土佐雅彦 44
鉄山から出荷された製品……土佐雅彦 46
千草釼と大坂新刀……大村拓生 48
鉄山稼ぎと輸送……土佐雅彦 50
山内の信仰 －金屋子神と鉄山墓－……加納亜由子 52
塩地峠 －千草鉄が運ばれた道－……田路正幸 54
播磨でのたたら製鉄終焉……土佐雅彦 56

第3部 製鉄の現在

近代製鉄の夜明け……土佐雅彦 60
たたら製鉄の存亡をかけて －鉄滓吹角炉－……土佐雅彦 62
波賀森林鉄道の歴史と未来……鈴木敬二 64
洋鋼の輸入と鉄道レール……鈴木敬二 66
日本製鐵広畑製鐵所の誕生……村上泰樹 68
遺跡立体図とたたら製鉄遺跡……永恵裕和 70
千草鉄を守り伝える －宍粟市立千種中学校－……藤田 淳 72

おわりに……鈴木敬二 74
主要参考文献……76

【表紙写真】上：荒尾鉄山荊石真跡之画（入江正一郎氏蔵）、右下：先大津阿川村山砂鉄洗取之図（東京大学工学・情報理工学図書館工3号館図書室蔵）、左下：「金屋子神降臨の地」碑（宍粟市千種町）、裏：脇指　銘　右藤原宗栄　元禄七甲戌年二月日／播州完粟千種丸一以英鉄錬鍛作　元禄7年（1694）（姫路市立美術館蔵）

はじめに

たたらと聞けば、多くの人が思い浮かべるのが、スタジオジブリの映画「もののけ姫」だろう。劇中では、山間の湖水に浮かぶ、たたら場とその営みが描かれる。牛たちが運ぶ鉄や炭、燃料が取り尽くされたはげ山、エボシ御前が勤める屋敷、軽やかな仕事唄と共に踏まれるフイゴ、そして、クライマックスに燃え上がる高殿。「もののけ姫」には、たたら製鉄のイメージが丁寧に描かれる。兵庫県のたたら製鉄の最新の研究成果から、本書では、このイメージをさらに詳細に描き、ときに大胆に描き替える。

本書が対象とするフィールドは宍粟市が中心だが、兵庫県と製鉄の関係は、播磨地域の一部にのみとどまるものではない。神戸製鋼所や日本製鉄、山陽特殊製鋼など日本を代表する鉄鋼メーカーが兵庫県内に位置する阪神工業地帯、播磨臨海工業地帯に集っている。

このうち、神戸製鋼所神戸製鉄所の第３高炉は復興のシンボルの１つとなった。県内各地に甚大な被害をもたらした平成７年（1995）の阪神・淡路大震災において、発災後75日で復活し、「がんばろう神戸」のもとに復興に向かう県民に勇気を与えた。この第３高炉は惜しくも平成29年にその歴史にピリオドを打ったが、高炉の前史となる、近代から古代に遡る製鉄の歴史を紐解く素材として、本書では、近世たたら製鉄を中心に扱う。

近世たたら製鉄は、５つの要素からなる。すなわち、水源である導水路（井手）を経て原材料の砂鉄を獲得する切羽（きりは）やそこから得られた砂鉄を含む土砂を運搬する水路、砂鉄を選ぶ選鉱場などの＜①材料獲得＞、①で得られた砂鉄をはじめ高殿で使用する炭を生産する炭窯や釜土をとる粘土採掘場などからの＜②運搬＞、実際の製鉄を行う高殿

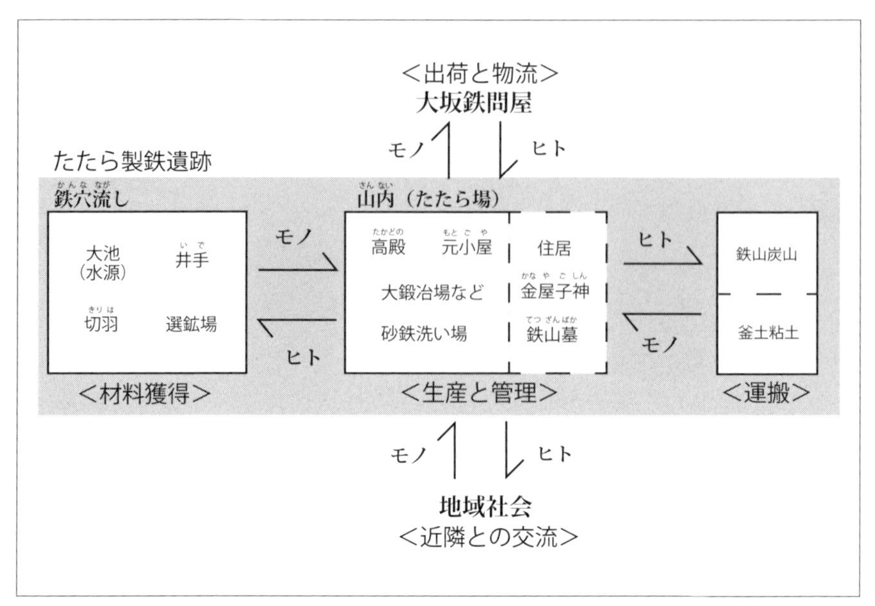

近世たたら製鉄の５つの要素

や、幕府や藩・地域との折衝、労務管理を行う施設（元小屋）とたたら製鉄に従事する人々の住居などのある山内（たたら場）の＜③生産と管理＞、山内（たたら場）の近隣に所在する地域社会＜④近隣との交流＞、作られた鉄が向かう大坂鉄問屋＜⑤出荷と物流＞である。

映画「もののけ姫」がそうであるように、従来、たたら製鉄といえば、たたら場や山内といった③生産と管理が注目されていたが、本書では、それに加えて、たたら製鉄遺跡、新出の古文書や絵画資料の分析を通じて、他の４要素の実態を描き出す。

国内有数の鉄鋼業の製品出荷額を誇る兵庫県。県内での鉄生産は、砂鉄から鉄鉱石へ、たたら炉から高炉へ、宍粟・佐用郡から神戸・姫路・加古川へと大きく変化してきた。この、ひょうご製鉄史の一端を、たたら製鉄研究班の９年間の成果からご堪能いただきたい。

第1部

鉄づくりの始まり

人類と鉄 ー西アジアの鉄器文化ー

鉄との出会い

世界最古の鉄は、北イラクのサマッラA墓から出土した、紀元前6000年頃とされる鉄片が有名である。しかし、現在では鉄であるかどうかやその年代について疑問視されている。確実な鉄器の出現は、紀元前3000年代と考えられており、鉄器の素材は隕石に含まれる鉄（隕鉄）を使用している。隕鉄は鉄とニッケルの合金で、低温で加工(冷鍛)することが可能な鉄素材である。隕鉄を使った鉄製品は紀元前1300年代まで、西アジアのエジプト、メソポタミヤ、アナトリア地方で15例以上発見されており、短剣、斧などが出土している。最古の鉄製短剣として有名なトルコのアラジャホユック遺跡出土の短剣（紀元前2300年頃）は、化学分析の結果、隕鉄が使用されていることが証明された。

カンボ・デル・シェロ隕鉄（アルゼンチン）
(鉄のふしぎ博物館蔵)

人類と鉄との出会いは、宇宙から地球に降り注いだ隕鉄にはじまったと考えられている。

人工鉄の誕生

純度の高い隕鉄とは違い、地球上にある鉄を含む鉱物（鉄鉱石）を加熱し、鉄を取り出した人工鉄は、トルコのトロイア遺跡（古代都市遺跡）から出土した鉄製品（紀元前2800 ～ 2500年）やカマン・カレホユック遺跡の鉄製品（紀元前2400～2000年）まで遡る。カマン・カレホユックは高さ16m、直径280mの円形の丘状の遺跡（城塞遺丘遺跡）で、日本の（財）中近東文化センター附属アナトリア考古学研究所によって調査がすすめられている。

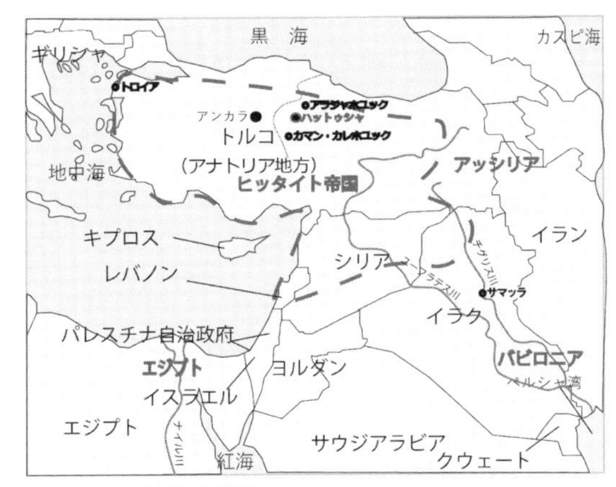

西アジアの鉄関連遺跡

遺丘は15～17世紀のオスマン・ビザンツ帝国時代から紀元前7500年の新石器時代の土層によって構築され、前期青銅器時代後半（紀元前2400～2000年）の焼土層より分銅形鉄製品が出土した。これより上層のアッシリア商業植民地時代の層からも鉄関連遺物が出土している。そしてさらに上層がヒッタイト帝国時代(紀元前1500～1200年)になる。ヒッタイトは紀元前1900年頃にトルコに侵入した民族で、紀元前1400年頃には大帝国を築く。繁栄の要因となったのが、鉄を使った軽戦車と製鉄技術の独占にあったといわれている。帝国の首都ハットゥシャ（ボアズキョイ遺跡）で発見された楔形文字が書かれた粘土板には、良質の鉄、炉の鉄、他国からの鉄の求めに対して在庫がないので鉄剣を送ったなど､人工的に鉄を作る製鉄を思わせる言葉や、鉄の管理について書かれている。こうした記載から製鉄の起源をヒッタイト帝国に求める考えもあったが、約1000年以上前に先住民族によって人口鉄が作られていた可能性を、カマン・カレホユックの調査が示した。

ヒッタイト帝国の時代は、まだ青銅品の使用率が高い青銅器時代に属しており、帝国が滅亡した紀元前1200年頃以降、製鉄技術が周辺に拡散し、西アジアは本格的な鉄器時代を迎える。

東アジアの鉄 ―中国・朝鮮半島―

隕鉄と人工鉄

中国最古の鉄は、今のところ中国西北地域の甘粛省陳旗磨溝(かんしゅくちんきまこう)墓地出土の紀元前14世紀の鉄棒が知られているが、中央アジアからの搬入品の可能性が指摘されている。この頃、黄河中下流域の中原地域の河北省藁城台西(こうじょうたいせい)遺跡や河南省の殷代遺跡で、刃部に隕鉄を用いた鉞などの青銅製利器が出現する。こうした事例は、中原を中心に西周末（紀元前9世紀）頃まで断片的に認められる。

西アジアのヒッタイト帝国滅亡後、製鉄技術は段階的に周辺地域に伝播していく。製鉄技術は遊牧民により東方に波及し、トルコから「アイアンロード」と呼ばれる中央アジアの草原地帯を横断し、中国やモンゴルに伝わったと考えられている。中国新疆(しんきょう)地区では紀元前10世紀以前には製鉄が開始される。西周末から春秋時代の河南省虢国(かくこく)墓では、塊錬鉄(かいれんてつ)と呼ばれる柔らかい人工鉄を加熱鍛打し、浸炭(しんたん)させて作った鋼製の武器が出土している。この時期には製鉄技術が中原地域に波及したと考えられている。続く春秋時代から戦国時代早期（紀元前5世紀以前）にかけて広範囲に塊錬鉄製や鋼製の鉄器が出土するようになり、漢代には「百錬鋼(ひゃくれんこう)」と呼ばれる優れた鋼を生み出す。

鋳鉄の誕生

中国製鉄技術の最大の特徴は、世界に先駆けて鋳造用の鉄（鋳鉄(ちゅうてつ)）を生産したことである。鉄鉱石から鋳鉄をつくるためには炉内の温度を1200℃前後に保つ必要が

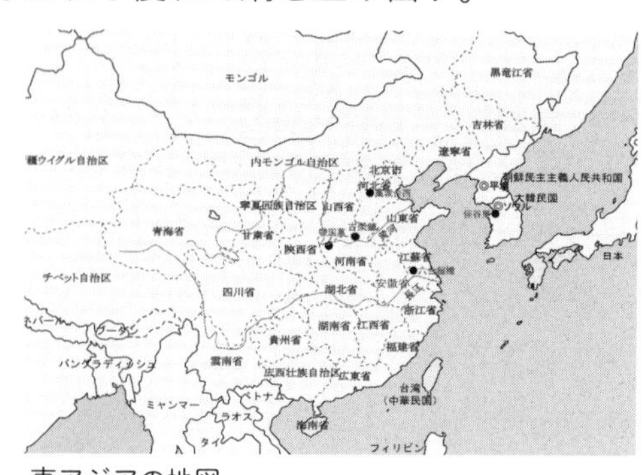

東アジアの地図

ある。すでに高温化を実現していた銅製錬技術の影響を受けた可能性が指摘されている。春秋時代晩期の江蘇省六合程橋墓では鋳鉄製の鉄球が出土しており、この頃には鋳鉄が生産されていた。戦国時代にはいると鋳鉄は需要の多い農具や工具の鋳造に使われる。鋳鉄は鋳型を使った大量生産が容易な反面、脆い性質があり耐久性が弱い。この欠点を補うためか、鉄器を低温(900°C前後)で加熱し、耐性をもたせる処理が施された可鍛鋳鉄と呼ばれる鉄製の農具が確認されている。

官営製鉄工房

漢代（紀元前206～8、25～220年）になると鉄の生産は飛躍的に増大する。鉄は塩とともに国の専売品となり、国家財政を掌る大司農のもと、郡には鉄官が置かれ生産と販売を管理した。河南省では少なくとも18カ所の官営製鉄工房があったとされ、その中のひとつ古滎鎮製鉄遺跡では、炉の平面が約3.9×3.2mの楕円形で、高さ4.5m前後、炉の両側に大きな皮鞴を設置した超大型の製鉄炉が復原されている。鉄の溶解を助ける石灰石を混入して鋳鉄を生産する技術や、鋳鉄から鋼をつくる技術（鋳鉄脱炭鋼）など、現在の製鉄の基礎技術はこの時代に確立されたと中国では考えられている。

朝鮮半島の鉄

鉄器の使用は、紀元前3世紀（中国戦国時代晩期）頃に半島の西北部地域から始まる。中国遼寧地域からの鋳造鉄器が主体で、紀元前1世紀以降には半島南部まで鉄器が広く普及する。製鉄の開始は、中国漢による紀元前108年の漢四郡の設置に始まる原三国時代（～3世紀前半頃）まで遡る。京畿道佳谷里遺跡は製錬から鍛冶工程まで行われていたと考えられ、直径1m前後の円形の製鉄炉と、製鉄原料の鉄鉱石をはじめ鉄塊、送風管が出土している。続く三国時代には、円形の製鉄炉とともに鋳鉄溶解炉、鍛冶炉と思われる施設も発見されるなど、鉄生産の機能分化が進んだ状況が見られる。

鍛冶と鉄器づくり

鉄器の輸入

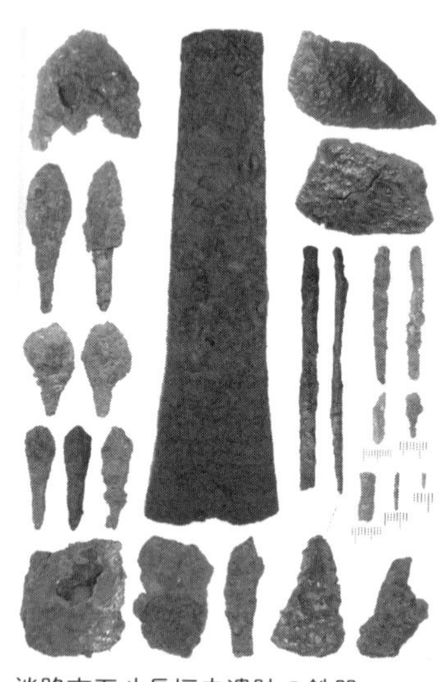

淡路市五斗長垣内遺跡の鉄器
(『五斗長垣内遺跡発掘調査報告』淡路市教育委員会 2011より)

弥生時代前期末～中期初頃（紀元前2世紀)、中国から朝鮮半島を経由して日本に鉄器が輸入されるようになり、九州から徐々に東へ普及する。後期（1～3世紀）には、中国産鉄器だけでなく朝鮮半島産鉄器も加わるようになり、その分布は関東、東北まで及び、石製の斧、鎌、鑿などの利器が鉄製に置き換わっていく。兵庫県でも後期の淡路市五斗長（ごっさ）垣内（かいと）遺跡で中国産の鋳造鉄斧や朝鮮半島産の板状鉄斧が出土している。

鉄器の輸入は古墳時代以降も続き、中国後漢の年号「中平（ちゅうへい）(184～9年)」をもつ奈良県東大寺山古墳出土の大刀（たち）や、百済から贈られたとされる石上（いそのかみ）神宮の七支刀（しちしとう）などがよく知られている。

輸入鉄器のリサイクル

日本に輸入された鋳造製の鉄器は、硬いが大きな衝撃に弱く、使用により破損することが多い。しかし捨てられることはなく、その破片を割って砥石で研磨するという石器作りの技術で、斧などの工具に再加工している。鉄器の再利用は後期まで続いている。

鉄器の製作（鍛冶の開始）

中期末には、輸入した鉄器や鉄素材から鉄器を作るようになる。薄い鉄板を切り取り、低温で加熱し叩いて製品にする簡単な鍛冶と、加熱し叩いて不純物を取り出した後、さらに加熱し叩いて鉄器をつくる鍛冶がある。加熱温度が高い場合は、不純物が溶け出した鉄滓（てっさい）が作られるが、この時期の鍛冶は総じて加熱温度が低く、鉄滓が排出されることが少ない。兵庫県では、後期の大規模な鍛冶工房跡が見つかっている。「国史跡」の五斗長垣内遺跡や船木（ふなき）遺跡では、竪穴建物内から鍛冶炉跡や叩き石、台石、砥石などの鍛冶道具や鉄板状の鉄素材が出土している。なかでも五斗長垣内遺跡では、鉄鏃など小型の武器が後期を通じて生産されている。両遺跡の鍛冶は、薄い鉄板を切断、低温加熱する簡単な鍛冶と考えられ、鍛冶炉は建物の床面に炭を盛り上げた構造で、炉の痕跡は床面に赤く変色した焼土面が残る。県内で鍛冶が始まった時期は、中期末まで遡る可能性がある。三田市奈カリ与遺跡と有鼻遺跡の竪穴建物内より、大量の鉄器や叩き石などとともに焼土面が見つかっており、鍛冶工房跡の可能性が指摘されている。

古墳時代の鉄器

古墳には鉄製の武器や工具などが副葬され、一般の集落でも鉄製の農具や工具の出土が顕著に見られる。古墳時代になって本格的な鉄器時代を迎える。近畿地方最大級の円墳である朝来市茶すり山古墳（中期・国史跡）では剣、刀、甲冑、斧、鋤・鍬先などの鉄器が大量に副葬されている。

朝来市茶すり山古墳　短甲
（朝来市教育委員会蔵、兵庫県立考古博物館提供）

古墳時代の飛躍的な鉄器生産を支えた技術的要因のひとつが、半島から伝わった高温加熱が可能な鍛冶技術と考えられている。炉内の高温化により、鉄器を半溶解し再加工したり、鉄素材を加工しやすく調整し、鉄器を製作することが可能になる。県内では前期末頃から摂津・播磨を中心にこの技術の広がりが確認できる。

古墳時代、鉄素材の入手は畿内を中心とした政治権力の優位性を確立するための最優先事項であったと考えられている。

製鉄の始まり

製鉄の始まり

古代の畿内と周辺国名

鉄器時代を迎えた古墳時代、鉄の需要は、中国や朝鮮半島から輸入された鉄器や鉄素材によってまかなわれていた。日本で鉄生産（製鉄）が開始されたのは、古墳時代後期後半頃（6世紀後半頃）と考えられており、備前、備中、美作（岡山）で最古級の製鉄遺跡が確認される。その後あまり遅れることなく、北部九州、中国山地の石見・出雲（島根）、備後（広島）、播磨（兵庫）をはじめ、畿内周辺部の丹後（京都）や近江（滋賀）で製鉄が開始される。とくに岡山県と広島県東部の備中・備後は古墳時代の製鉄遺跡が集中しており、鉄生産の中心地であったと考えられる。

7世紀後半になると北陸、関東、東北など東日本でも製鉄が開始されるようになる。

製鉄炉の構造

製鉄は、粘土製の炉に木炭と砕いた鉄鉱石や砂鉄を交互に投入して、鞴で送風、加熱しながら、鉄を取り出す技術である。途中、溶け出した炉壁や鉄原料に含まれる不純物を鉄滓として炉外へ排出しながら、炉底に高純度の鉄を溜める。鉄は操業ごとに炉を壊して取り出す。

箱形炉復元模型（滋賀県木瓜原遺跡）
（[公財] 滋賀県文化財保護協会提供）

炉は長方形や正方形あるいは楕円形の箱形のものと、円筒形のものに分けられる。箱形炉は、炉床面積が約0.4～1.5m^2、高さは1mに満たない非常に小型の製鉄炉であったと推定されている。炉の両側には、炉内に送風する送風孔が複数確認されるほか、小口部分にも不純物を炉外に排出する排滓孔があけられる。

竪形炉復元模型（福島県長瀞遺跡）
（南相馬市博物館提供）

東日本では、当初は箱形炉が用いられていたが、奈良時代になると関東で円筒形の炉を斜面に組み込んだ半地下式の竪形炉が出現する。複数の送風孔をもつ箱形炉と違い、送風孔は炉の背後に1カ所設けられている。竪形炉は箱形炉とともに律令体制下の鉄生産を担っていく。

製鉄原料

製鉄開始時期の吉備地域では、鉄鉱石が主体で砂鉄も併用されるが、全国的には砂鉄が主流になっていく。ただ6世紀末～7世紀前半に製鉄が開始された近江では、鉄鉱石が平安時代まで使用される。

律令国家体制と鉄生産

箱形炉は徐々に長大化し、それに伴い送風孔の数も増え、生産効率の高い大型の箱形炉に発展していく。8世紀前半の滋賀県木瓜原（ぼけわら）遺跡では、長さ2.8m、幅60cmの長大な箱形炉を中心に、鉄塊を小割りする場所や、鉄器を作る鍛冶炉が発見されている。製鉄と鍛冶が一体化した状況が見られ、近江国衙（こくが）の建設や経営に必要な鉄を供給していたと考えられている。また岡山県や滋賀県の事例では、官衙跡と製鉄炉がセットになった官営の製鉄場を思わせる製鉄遺跡が見つかっている。このように鉄の生産は、律令国家体制に組み込まれた重要な産業であったと考えられる。

鹿庭山の鉄と木簡

鹿庭山の鉄

『播磨国風土記』（以下『風土記』）讃容郡条には「（鹿庭山）山の四面に十二の谷有り。皆、鉄生ふること有り。難波豊前朝廷に始めて進りき。見顕しし人は別部犬にして、其の孫等奉発る初めなり（原漢文）」の記事がある。鹿庭山は現在の佐用郡佐用町の大撫山（標高435.5m）と推定されている。事実、大撫山を中心に７世紀後半から奈良・平安時代の製鉄遺跡が29か所確認されており、『風土記』の記事を裏付けている。

この地で最初に製鉄をおこなったとされる別部犬は、隣国の備前国藤野郡（岡山県和気郡）を中心に勢力を拡大した古代豪族、和気（別）氏支配下の部民と考えられている。和気氏と関係が深い美作国との繋がりを示す製鉄遺跡が佐用町内から発見されている。大撫山南東山麓にあるカジ屋遺跡で発見された製鉄炉は、操業時に炉外に排出する鉄

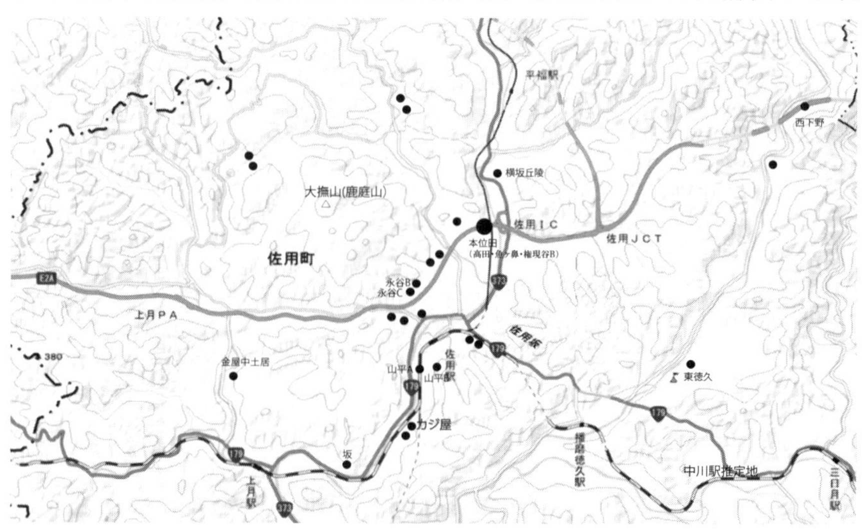

大撫山周辺の古代製鉄遺跡（地理院地図〈電子国土 web〉に加筆）

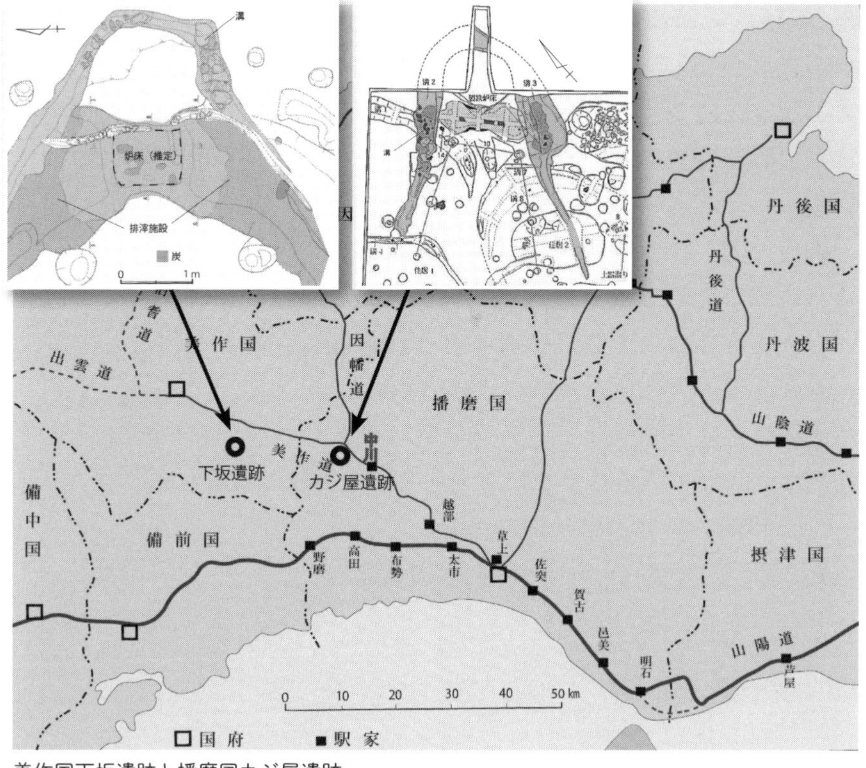

美作国下坂遺跡と播磨国カジ屋遺跡
（歴史の道調査報告書第４集『美作道』兵庫県教育委員会1994、『昭和60年度埋蔵文化財調査年報』佐用町教育委員会 2015、『大河内遺跡・稲穂遺跡・下坂遺跡』岡山県教育委員会 2008）

滓を溜める窪みや溝を炉床の両脇にもち、炉の周辺に溝が巡った特徴的な構造をもっている。これと同じ構造の製鉄炉跡が、美作国勝田郡（岡山県勝田郡勝央町）の7世紀後半の下坂遺跡で見つかっており、美作国と播磨国の製鉄技術に共通点が認められる。また、佐用町内の製鉄遺跡のなかには、近江国（滋賀県）の製鉄遺跡と同じ構造の製鉄炉がいくつか確認されている。こうした状況から、美作地域などの製鉄技術が、播磨を経由して近江国に導入された可能性が考えられている。

播磨の鉄生産の始まりについては、『風土記』の記述が重要な手掛かりになる。別部犬の孫が鉄を貢納した難波長柄豊碕朝廷は、大化元年（645）に即位し、大化の改新を進めた孝徳天皇が652年から654年にかけて政務をおこなった宮で、その場所は、前期難波宮跡（大阪市中央区法円坂）が有力視されている。

播磨では、７世紀中頃にはすでに鉄がつくられていたことを『風土記』は伝えている。大撫山山麓で最初に鉄づくりを始めたとされる別部犬は孫を含めて３代前になり、播磨の鉄生産の開始は、少なくとも７世紀初頭までさかのぼることが可能である。

この時期の製鉄遺跡は現在のところあきらかになっていないが、大撫山周辺の製鉄遺跡群のなかに潜んでいる可能性が高い。

讃容郡駅里鉄十連（156×35×6mm）

「鉄十連」木簡（出典：木簡庫 https://colbase.nichi.go.jp/）

「鉄十連」木簡

鹿庭山の鉄生産を裏付ける木簡が、奈良県大官大寺跡（高市郡明日香村）の調査で発見されている。大官大寺は国家が経営する大寺で、７世紀末頃の創建といわれ、和銅4年（711）に火災により焼失した。「鉄

木簡に記載された調物鉄

	内　容	寸法（ミリ）	出土遺跡・遺構
1	上道郡浮浪人調鉄一連	183,21,4	平城宮東院地区西辺 SD3134
2	美作国勝田郡和気郷輸調鉄壱連○□	（277）,25,7	平城宮東院地区 SD3236C
3	備中国賀夜郡□〔祁ヵ〕□□調鉄一連	186,17,4	平城宮 SD4100
4	美作国英多郡大野里鉄一連	178,（21）,2	平城京左京三条二坊一・二・七・八坪長屋王邸 SD4750
5	備後国沼隈郡調鉄十廷○天平六年	206,20,4	平城京左京三条二坊二条大路濠状遺構（南）SD5100
6	←□〔野ヵ〕郷御調鉄一連 〈〉 七年十月	（165）,23,5	平城京左京二条二坊五坪二条大路濠状遺構（北）SD5300

大撫山（『風土記』の鹿庭山。右手前の社叢は式内社・佐用都比売神社）

十連」木簡は、寺域を囲む東面回廊近くの土坑より出土している。

表に「讃容（佐用）郡駅里鉄十連」と書かれたこの木簡は、7世紀末の大官大寺造営の際、播磨国佐用郡駅里から運ばれた鉄に付けられた荷札と考えられている。運ばれた鉄は、寺院の造営に必要な釘や金具、工具の材料として利用されたと考えられる。

駅里の「駅」は、古代の主要道路沿いに8～16㎞ごとに設置された国司が管轄する施設である。官人の往来、調物（ちょうもつ）などの物資を輸送するため数頭から数十頭の馬と宿泊施設が整備されている。佐用郡内には中川（なかつがわ）駅家が設置され、現在の佐用町末廣付近が有力視されている。鉄は特産物を税として物納する調物のひとつで、鉄を納めた荷札には一連あるいは十廷と鉄量が表記されている。仮に一連を十廷とすると、「鉄十連」木簡は100廷（約220kg）の鉄が、調物とは別に大官大寺造営のため、佐用郡から運ばれたことになる。

『風土記』の記事や大撫山周辺の30余りの製鉄遺跡の存在は、古代の播磨国が備前国、備中国、備後国、美作国と並ぶ有力な鉄生産地であったことを物語っている。

志深屯倉と吉備の鉄

志深屯倉

播磨での鉄生産は、西播磨を中心にして、7世紀初め頃から始まるといわれる。しかしそれより前の時代、播磨には、朝鮮半島の軍事情勢に対応するため、ヤマト王権直轄の鉄器加工施設が置かれていた。その一つが現在の三木市内を流れる志染(しじみ)川沿いの志深屯倉(しじみのみやけ)である。

葛城の忍海

『播磨国風土記』や『日本書紀』によると、この屯倉の管理者は忍海造(おしぬみのみやつこ)氏であった。忍海は大和の葛城(かつらぎ)の地名をさす(現在の奈良県葛城市新庄町あたり)。この忍海には5世紀半ば以降、葛城氏の祖、葛城襲津彦(そつひこ)が新羅(しらぎ)から連れて来たという技術者集団、「漢人(あやひと)」(倭漢氏(やまとのあや))が住まい、鍛冶作業に従事していた。

志深屯倉の忍海造氏は、ここから葛城氏によって派遣された技術者グループの長と考えられる。そのもとには「韓鍛冶部(からかぬちべ)」と呼ばれる、渡来系の鍛冶集団が組織され、武具などの鉄器加工作業にあたったとみられる。

忍海角刺宮の伝承地（奈良県）

山林資源と交通の便

志深の地が拠点施設になった理由の一つは、周辺部に木炭を得られる山林資源に恵まれていたこと、もう一つは、交通の便が良かったことである。

三木台地の南側の押部谷からは、明石川を通じて明石浦につながる。また志染川を西に進み、加古川と合流して南下すると、播磨灘に面する賀古水門があった。志深屯倉で 作られた武具などは、これらの港津と瀬戸内海の舟運を介して、各地に運ばれたと考えられる。一方、加古川を北上すると、日本一低い分水嶺「氷上回廊」を経て、日本海側の由良川水系にも到達できた。志深屯倉は鉄製品を各地に供給・流通させるのに適した土地であった。

吉備の鉄

問題は武具などを作るための鉄原料が、どこから調達されたかである。当初は葛城氏により朝鮮半島から直接運搬された可能性が高い。しかし6世紀半ば以降は、吉備で生産された鉄素材が使われたようである。

というのも志深屯倉を支配する葛城氏は、婚姻を通じて、吉備氏と強い同盟関係を築いていたからである。また『播磨国風土記』の志深里条には、「たらちし吉備の鉄の狭鍬持ち」という歌が残されている。これからみて志深屯倉を拠点とする武具の生産・流通体制は、吉備の鉄を用いた、かなり広域的なものであったことがみえてくる。

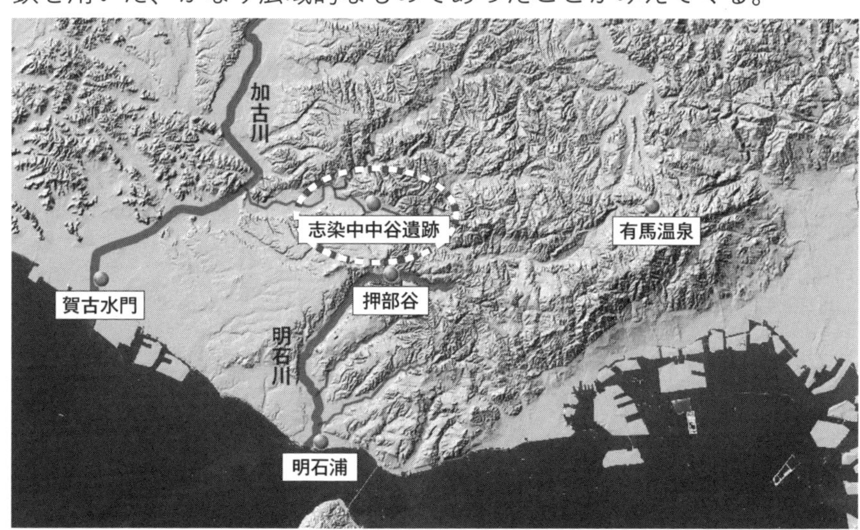

志深屯倉の関連地図（志染中中谷遺跡は有力比定地の一つ。地理院地図にもとづく）

千草鉄と備前刀

千草鉄と刀剣

長享2年（1488）8月、備前長船を拠点とする刀工（刀鍛冶）の勝光・宗光が、千草鉄20駄を携えて、100人ばかりで上洛した。播磨・備前・美作の守護である赤松政則の代官として、近江六角氏討伐に向かった将軍足利義尚に随行した浦上則宗が指示したものだという。翌月勝光・宗光は義尚の陣所に赴いて、眼前で刀剣を鍛造した。義尚から下賜され「御陣」と明記されたこの時のものが5口現存する。長船刀工が原料鉄として千草鉄・「しそうがね」（宍粟鋼）を用いていたことは、同時代の刀剣書にもみられ、ブランド鉄としてその名が知られていた。

長船刀工の登場

播磨北西部で古くから鉄生産が行われていたことは、古代の『播磨国風土記』にあり、12世紀後半成立の『梁塵秘抄』には「播磨の赤穂が造れる腰刀」がみえる。湾刀という独特の形状の日本刀が成立するのも12世紀ごろで、京都・奈良という都市を抱える山城・大和、鉄の産地である陸奥・備前で、有力な刀工が活動していた。この初期の備前の刀工（古備前・一文字などと呼ばれる）は具体的な居住地を名乗らないが、13世紀半ばから長船と明記され、戦国時代まで続く日本でもっとも有力な刀工の拠点になる。長船派の特徴は、現存作例の数に比べて刀工数が少ないところで、最初に挙げた勝光・宗光のような棟梁に率いられた組織的な鍛冶集団と評価されている。そして正中2年（1325）に播磨国宍粟郡三方西で長船刀工景光・景政が鍛造した太刀が、大河原時基によって秩父大菩薩に奉納されている。時基はもともと武蔵国秩父郡を本拠とし、承久の乱後に三方西に所領を得て播磨に移住してきた一族で、嘉暦4年（1329）にも播磨広峰山に景光・

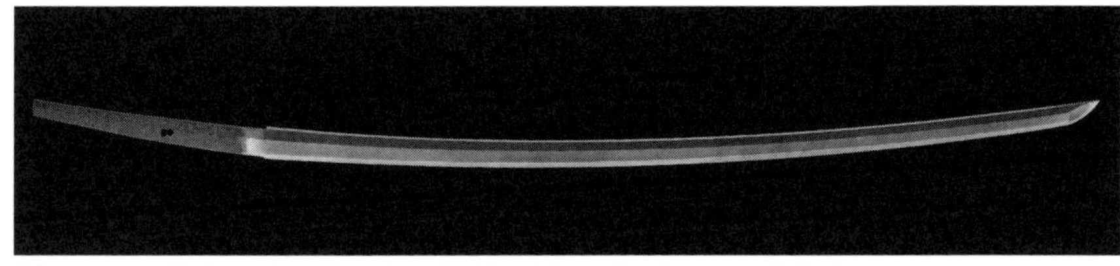

《太刀　銘　備前国長船住左兵衛尉景光》銘文に「三方西」の文字がみえる
（埼玉県立歴史と民俗の博物館蔵、松本啓之亮氏撮影）

景政が三方西で作刀した太刀を奉納している。これが長船派の刀工が播磨で作刀したことを示す最初の事例で、その背景には刀剣に適した良質な鋼の存在が考えられている。刀剣史ではもともと刀鍛冶本人が銑鉄から鋼をつくっていたが、中世の段階で分業が進行したと理解されている。刀工がなぜ播磨北部ではなく長船を拠点としていたのかは明確になっていないが、戦国期まで続く長船派の組織的な活動が千草鉄に支えられていたことは間違いない。

赤松氏と長船刀工

この播磨国佐用郡赤松を名字の地として、南北朝期に播磨などの守護となったのが赤松氏である。その成長の背景に鉄資源の存在を考えたいところだが、残念ながら1441年の嘉吉の乱で一旦滅亡する前期赤松氏の段階では明確な証拠は見当たらない。

しかし応仁の乱で復活した赤松政則については、文明14年（1482）以後の年紀を有する家臣のために自ら作刀したとする、短刀・脇指が14口現存している。その一つには長船左京進藤原宗光のためとあり、実際は宗光の指導のもとで鍛造されたものと思われる。勝光・宗光は赤松氏の指示で京都だけでなく備中などへも派遣されており、長船刀工との結びつきは確固たるものになっていた。天文22年（1553）～24年には龍野城の赤松政秀が、永禄2年（1559）からは備前天神山城の浦上宗景が、同様に長船刀工の刀剣を家臣に与えている。このような武将と刀工との密接な関係は他の地域では全く確認できず、千草鉄の産出がその背景にあったものと考えられる。

中世の鉄生産

鉄生産の展開

古代の鉄生産は、平安時代前期（9世紀頃）には九州地方から東北地方まで広がる。しかし室町時代の14世紀以降は、鉄生産はしだいに東北地方と中国地方に集中するようになる。この背景には生産地の鉄鉱石などの製鉄原料の枯渇や、広域の流通網が発達し鉄が比較的容易に遠隔地から入手できるようになり、生産地が淘汰されていったなどの原因が考えられている。生産地の集約化が進むなか、中世の鉄生産は飛躍的に増える鉄需要にこたえるため、製鉄の規模や技術革新など大きな転換期をむかえる。

中国地方の中世製鉄

豊富な砂鉄原料を背景に、広島西部、島根、鳥取中西部、岡山北部、兵庫（播磨）の中国地方では70カ所近い中世製鉄遺跡が確認されている。製鉄炉は古代から引き続き箱形炉が使われるが、長さが2mを超える大型炉が主流となり、15世紀には炉幅も広くなりさらに大型化が進む。大型炉の操業には炉内を高温化するため鞴の送風力の向上が必要で、なんらかの送風施設の改良が行われた可能性が指摘されている。製鉄炉の大型化に伴い、炉の下に設けられる湿気を防ぐための地下構造も大型化する。江戸時代の「たたら」には、炉の下に「本床」、その左右にトンネル状の「小舟」を配置した「床釣」と呼ばれる大規模な地下構造が造ら

本床・小舟をもつ中世末の製鉄炉（立岩３号製鉄炉）
（邑南町教育委員会提供）

れる。中世末（16世紀後半～ 17世紀）には島根西部で、「床釣」の地下構造をもつ製鉄炉が見つかっている。「床釣」は11世紀から広島北部・島根西部で段階的に発展したと考えられている。

鉄器を作る材料には操業中に炉外に排出する銑鉄と、操業後炉底にできる鉄塊を用いる。鉄塊には不純物が混ざっており、そのまま鉄素材として使用できない。このため不純物を取り除き、鉄の成分を調整する鍛冶作業（精錬鍛冶）が必要になってくる。古代では多くが鉄器製作用の炉で精錬鍛冶も行われていたが、11世紀には製鉄工房内やその周辺に専用の精錬鍛冶場が作られ、分業化が進む。

中世の鉄生産は、製鉄炉の大型化や送風能力の改良、鍛冶工程の分業化などにより、近世鉄生産への技術革新が醸成された時代であったと考えられる。

播磨の中世製鉄

播磨北西部の千種川上流と、宍粟市を流れる揖保川上流には、可能性のあるものを含め20カ所以上の中世製鉄遺跡が分布する。現在のところ播磨の中世製鉄の始まりは、揖保川流域の宍粟市一宮町安積山遺跡で、平安時代末期の12世紀後半の製鉄炉が22基見つかっている。炉は中国地方と同じ２ｍを超える大型箱形炉で、その地下構造は出雲、備中地域と共通している。播磨の古代から中世過渡期の製鉄は、これら両地域と密接な関わりをもって成立した可能性が高い。鎌倉時代（13世紀）になると浅い地下構造や地山の上にマウンドを築き、炉を構築する播磨独自の製鉄炉が出現する。このタイプの製鉄炉によって生産された高品位の「千草鋼」は、備前（岡山）長船の日本刀制作を支えた。

安積山遺跡の製鉄炉（宍粟市教育委員会提供）

第2部

播磨のたたら製鉄

播磨の山内風景—荒尾鉄山と天児屋鉄山—

荒尾鉄山図

高砂市曽根に江戸時代、製塩業で財をなした入江家の住宅が保存されている。寄贈された住宅とともに市に寄託された多くの古文書や美術品の中に、播磨に残る唯一の鉄山図と思われる掛軸が含まれていた。当時の当主が大坂から招いた荊石(かいせき)という画家が描いたものという。入江家は山崎藩に資金を融通しており、それらが縁で宍粟郡の製鉄業とも関わっていたようだ。代理人として紀伊国屋佐太郎という人物を現地に派遣していたことも分かった。この絵図の裏には宍粟市千種(ちくさ)町岩野辺(いわのべ)の「荒尾(あらお)鉄山跡」(宍粟市指定史跡)を描いたものと記されている。今も鉄山の入口に立つ供養の石仏には「嘉永二(1849)酉年七月廿四日」「大願主　大坂泉屋　曽根紀ノ国屋(以下略)」という銘文があ

「荒尾鉄山荊石真跡之画」中心部分
(入江正一郎氏蔵)

る。この絵図を見ながら江戸時代のたたら製鉄のようすをのぞいてみよう。

製鉄場で働く人々の住む深い山の中にある集落を「山内（さんない）」という。左の図は絵図の中心部分で、右下から左上にかけて山内の中央部を道が貫いている。集落の入口にさしかかった牛馬と人は、原料となる砂鉄や米をはじめとする山内の生活物資を運び込んでいる。道の上から下ってくる人々は、製鉄炉で燃やすために山で焼いた炭を背負っている。

荒尾鉄山入口の石仏

茅（かや）葺きのひときわ大きな建物が「高殿（たかどの）」でたたら場の中心となる製鉄炉が中に設けられている。茅葺き屋根の頂上まで登るはしごがかけられ、火災に備える水樽も描かれている。通常は頂上に開閉装置があって操業時の熱を逃がす工夫がされている。

下の段の左手には、上の段で作られた重さ数トンにもなる大きな鉄の塊である「鉧（けら）」を冷やす「金池（かないけ）」があり、その右手に櫓（やぐら）のような部分が屋根から突き出た「銅折場（どうおりば）」と呼ぶ建物がある。冷えた鉧を運び

荒尾鉄山絵図の配置模式図
（「荒尾鉄山荊石真跡之画」をもとに永恵裕和氏作成図に加筆）

込み、櫓の上までつり上げた重い楔のような大銅を落として割り、さらに細かく選別していく。良質の鋼はそのまま出荷され、それらを除いた各種の鉄はもう一度大きな鍛冶炉で熱して叩き、柔らかい鉄地金である「割鉄」にして出荷する。この仕事場を「大鍛冶場」というが、さらに一段下にある柿葺きの建物がそれらしい。

高殿の右手には事務所である「元小屋」、出荷前の製品を保管する「鉄蔵」が見え、その上手にある建物は「炭小屋」であろうか。山内にはその他に主な施設として「砂鉄置場・洗場」「米倉」、山内の住民たちが暮らす粗末な長屋である「山内小屋」などがある。荊石が実際に現地を訪れてこの絵図を描いたかどうかは分からないが、当時のようすをいきいきと知ることができる。この絵図と現地の荒尾鉄山跡がどのくらい対応しているか、興味の持たれるところであろう。

天児屋鉄山跡

宍粟市内にはほかにも多くの鉄山跡がある。なかでもちくさ高原スキー場の近くにある天児屋鉄山跡（県指定史跡）は、天児屋たたら公園としてよく整備されており、見事な石垣で区画された平らな面がいくつも広がっている。近年では、クリンソウの群生地としても人気が高まっている。

明治初期まで操業が続けられていたこともあり、幼い頃、ここに住んでいたという存命中の古老に当時の見取図を書いてもらったものなどを参考にして、山内の配置図が復元されている。遺跡の確認

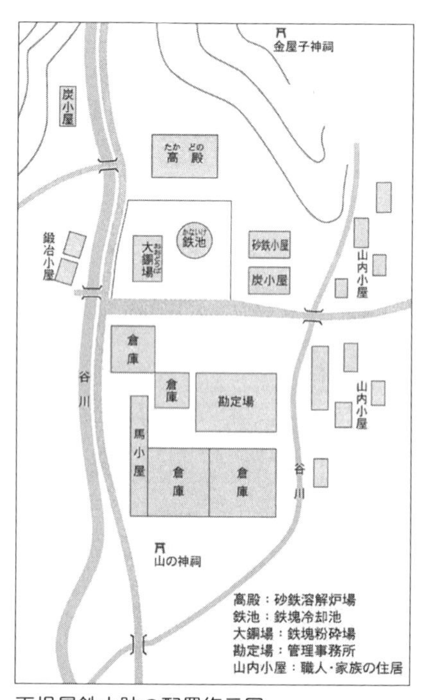

天児屋鉄山跡の配置復元図
（兵庫県西播磨県民局『たたらのふるさと西播磨』より）

調査が行われ、高殿跡では地下の構造が検出された。

あらかじめ連絡しておけば公園入口にあるたたらの里学習館に入り、収集されたたたら製鉄に関係する資料や模型などを見学することができる。ぜひともお勧めしたい。

この谷の奥には、さらに古い時期に営まれていた奥天児屋鉄山跡もみられる。水の便も必要なため、どの山内も谷川が交差するような、それでいて湿気の影響の少ない台地状の地形が選ばれる傾向にある。また、周囲の山々には原料となる砂鉄を採掘するために山を崩した跡が残り、水の力を利用して砂鉄を集める施設なども確認されている。

岩鍋

話はもどるが、荒尾鉄山跡から国道429号線に出ると、「金屋子神降臨の地」の石碑が立つ（平成4年建立）。鉄の神様を祭る金屋子神社は島根県にあるが、その神様が天から最初に降り立ったのが播磨国岩鍋（現宍粟市千種町岩野辺）であったという伝説があり、江戸時代の書物にも紹介されている。この伝説は今でも金屋子神社の祭文として伝えられており、その部分を現代語訳してみよう。「播磨の国の志相郡、今の岩鍋というところに、高天が原より一はしらの神が天降りお座りになった。人民は驚いていかなる神様ですかと問いかけた。時にその神が託げてのたまうには、吾はこれ作金者金屋子の神である。（中略）今からあり余るほどの金（鉄）の道具を作らせよう。悪魔を降し五穀豊穣くなることを教えよう。磐石をもって鍋を造り賜い、これによってこの地を岩鍋という。」

「金屋子神降臨の地」石碑

究極の湿気抜き「床釣」

床釣

製鉄炉の地下に湿気があると高温を保てず製鉄ができないため、古代から特別な防湿施設を作る工夫が重ねられてきた。江戸時代になるとこうした地下施設は大規模かつ一定の流儀でほぼ統一されていき「床釣」と呼ばれるようになる。『鉄山必用記事』という江戸時代のたたらの技術書を参考にすれば、まず、高殿を支える4本の柱の間に長さ12m、幅6m、深さ3mくらいの大きな長方形の堀込を入れる。長い方の辺は両端を浅く、中央部のみ方形に深くすることが多い。実際に発掘された中でも最大級の岡山県大成山たたらＢ区では長さ9.2m、幅6.7m、深さ2.7mと、長さは短いもののこの技術書にほぼ見合う大きさといえる。堀込の内壁は石垣で固められることが多く、床釣はこれから大きく二段階で設置されていく。下の部分（下床釣）は底の中央などに溝を掘り石で蓋をして、水の流れを遮断する。その上に「坊主石」というピラミッドを逆さにしたような石を敷き詰めるなどして隙間の空間を設けながら、湿気が毛管現象で上へ登らないようにする。この上に掘り上げた土や粘土、黒い火山灰、炭粉などさまざまな材料を工夫しながらしっかりと突き固めて厚く頑丈な床を仕上げる。その過程で薪木を燃やして焼き締めていく。

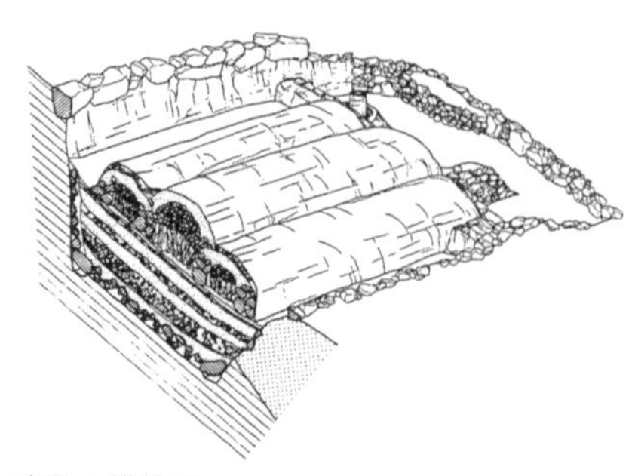

床釣の構築図
（潮見浩編『保光たたら』1985より）

第二段階を「本床釣」と呼び、製鉄炉の直下にあたる位置に「大舟」、その両側に「小舟」という石組を粘土で固めた細長い炭釜をこしらえ、薪木をぎっしり詰め込んだ上に粘土で厚い天井覆をかけて乾燥させた上、中に火を入れ何度も焼いて小舟の中は結果的に空洞となる。発掘してみると小舟の天井覆などは激しい高温によって特別に固く焼け締まっている。上面にこれらの施設を作るために掘り上げていた土を置き、その上に薪木を積み上げて焼いた炭を大勢で叩き締めることを繰り返しながら、大舟・小舟の焚口のある掘込両端にあたる一段低い作業場（跡坪）全体を埋めていく（灰すらし）。

本床

大舟の天井をはずして中の炭を叩き締め、さらに薪木を燃やして上まで埋めていく。こうして内部を徹底して乾燥させた施設が「本床」で、天井をはずした2本の石組みの上面（土居）が製鉄炉の外枠となる。このあと、さらに4回ほど薪木を焼いて薄い灰の層（下灰）を作り、高殿内の操業面を整えていく。その上、年に一度程度は跡坪を掘り上げて小舟に火入れをしていた（照し焼）というから、気の遠くなるような話である。

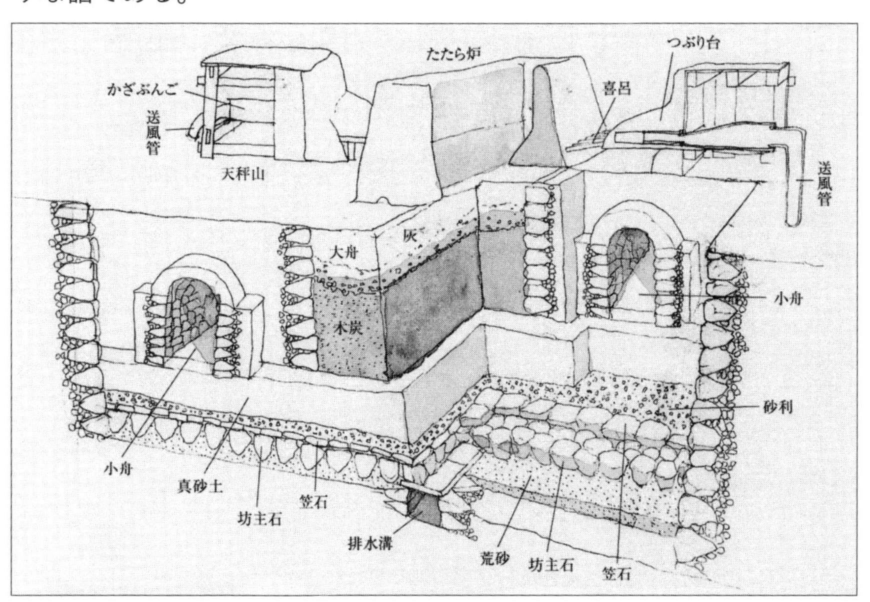

炉と地下構造の断面図
（JFE21 世紀財団『たたら一日本古来の製鉄』増補改訂版、2017 より）

平瀬家とたたら製鉄

播磨国の有力鉄山師　千草屋源右衛門

播磨国宍粟郡における製鉄業は、誰が、どのように営んでいたのか。それを具体的に示せるのは、江戸時代になってからである。

播磨国の鉄山師として、江戸時代前期に頭角を現した家がある。武将赤松氏から派生したという伝承がある平瀬家である。屋号を千草屋といい、源右衛門を襲名した。平瀬家は、平瀬神社がある宍粟市千種町河呂あたりに土着したといわれている。製鉄が盛んな千草の谷で、初代源右衛門清信は鉄生産に携わったと伝わる。寛永10年（1633）頃には、長男を千草に残し、次男保古を伴って宍粟郡の中心地山崎に出て、千草屋を名乗り始めた。

初代源右衛門清信は宍粟郡内でたたらを経営して鉄を生産するだけではなく、子を大坂に送って鉄問屋を創設し、鉄の販売に関与した。二代源右衛門保古は高瀬舟を所有しており、製品や物資の輸送手段まで掴んでいた。千草屋源右衛門は一時、宍粟郡内の鉄山を独占的に利用する程勢力を伸ばし、播磨国の有力鉄山師として名を馳せた。

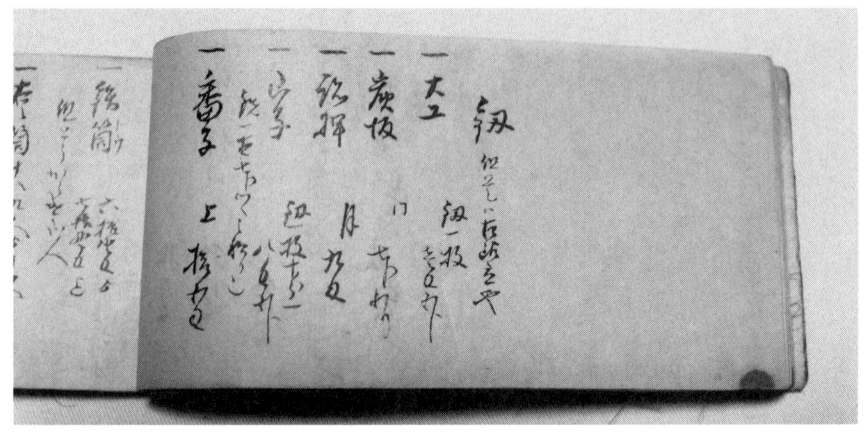

「千草屋手控帳」大工・炭坂・番子などたたらで働く人々の労賃を記す。（個人蔵）

千草屋による製鉄業は、六代源右衛門布古(のぶもと)に至るまで約130年にわたって続いたが、最後は資金繰りに失敗し、宝暦6年（1756）に終わりを迎えた。

千草屋手控帳

千草屋源右衛門によるたたら製鉄の実状を記録した帳面がある。たたら製鉄を営む上で必要な事柄を心覚えに書き留めたもの、という意味で「千草屋手控帳(ちくさやてびかえちょう)」と呼ばれる史料だ。元文元年（1736）の貨幣改鋳により変動した輸送費や労賃の計算、鉄生産のコスト、製品価格の推移、宍粟郡の鉄山支配に関わる役人の名などが記してある。役人と交わり、コストを把握し、利益を生むことに腐心した、経営者千草屋源右衛門の姿が浮かび上がる。

平瀬家の繁栄

二代源右衛門保古の子孫は、大坂と京都で分家を構えたが、中でも大坂四軒町に店を構えた新右衛門保信(やすのぶ)の家が長く栄えた。後に梶木町に移り、大坂の豪商に成長したその家からは、諸芸・学問に親しみ、粋人として名高い平瀬露香(ろこう)が出ている。

多くの分家を興した一族の繁栄は、嘉永7年（1854）に編まれた平瀬九家の系譜に残る。宍粟市の大雲寺には山崎平瀬家歴代の墓があり、立ち並ぶ花崗岩製の立派な墓石が、鉄山師千草屋源右衛門の勢力を偲ばせる。

二代源右衛門保古の墓。延宝6年（1678）建立。墓碑には戒名・命日とともに「平瀬氏墓」と刻まれている。（宍粟市・大雲寺）

鉄山の支配と山方役所

鉄山

江戸時代、播磨国宍粟郡の産鉄地帯を治めた領主は、製鉄に必要な資源を「鉄山」と称し、支配した。鉄山では製鉄工場である鑪場（たたらば）を設け、山に生える木々を燃料となる木炭の生産にあてた。原料である砂鉄の採取地（「鉄口」という）もまた鉄山に附属した。たたら製鉄を営む者は、運上銀を納めて鉄山を請け負うことで、資源を利用し、鉄を産出することができた。

鉄山の支配者

慶長5年（1600）池田輝政が姫路に入封し、播磨一国の領主となった。輝政の死後、宍粟郡は岡山藩池田忠継の領知を経て、池田輝澄に分与され、山崎藩が誕生した。後に藩主は松平氏、池田氏、本多氏と移る。宍粟郡の製鉄地帯は転封の度に山崎藩領から離れ、江戸幕府の

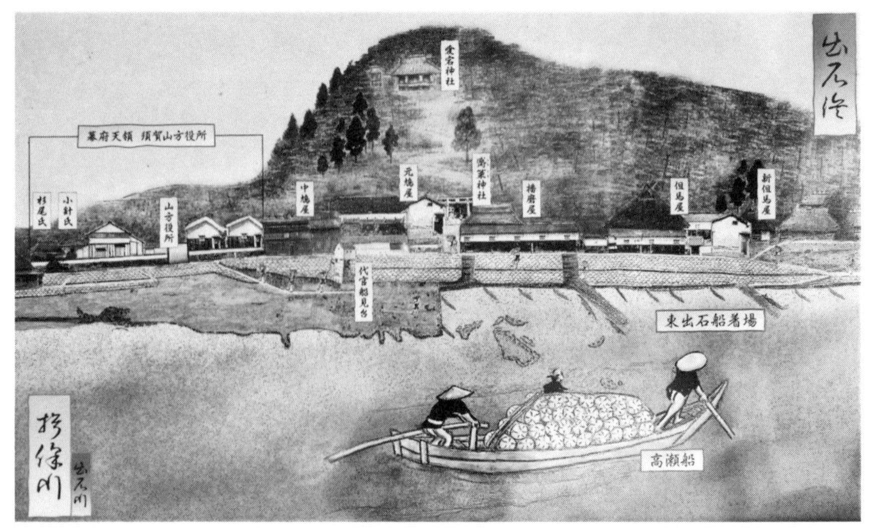

山方役所と東出石浜の復元図（下村哲三氏作成。山崎町鷺簗神社蔵）

直轄地に組み込まれていった。宍粟市には、兵庫県内の44%を占める12,509haの国有林が存在するが、これは江戸幕府による山林支配の名残である。

延宝7年（1679）、江戸幕府は宍粟郡の直轄地を支配する代官を置き、須加村の東出石（いだいし）に陣屋を設けた。出石は西播磨の山間部と瀬戸内海の港を結ぶ揖保川舟運のターミナルで、宍粟郡の産物の集散地だった。川を境に東は幕府領、西は山崎藩領に分かれ、両岸に高瀬舟の積荷を取り扱う問屋が並んだ。須加村の代官所はやがて廃止となるが、東出石の陣屋は山方役所として引き継がれた。

山方役所

山方役所は、宍粟郡内の幕府領における山稼ぎや川猟、産物の移出入を管理した機関である。江戸幕府勘定所の支配下にあり、現地で実務を担った。山方役所の業務のあり方を記した複数の「勤方覚書」には、大坂代官や生野代官による承認のサインがあり、直接にはこれらの代官所が管轄したことがわかる。

山方役所のトップは2名の山方役人で、小針氏と杉尾氏が世襲した。たたら製鉄に関して山方役人は、幕府領を預かる代官所や藩と鉄山師の間に立って請負の手続きを進めたり、鉄山の利用を監督する役目を担った。

鉄山の請負を許可する権限は江戸幕府の勘定所にあり、勘定所に伺いを立てるのは代官所など上級役所であった。しかし、頻繁に代官が交代する幕府領において、経験豊富でしきたりを熟知する在地の山方役人が、鉄山支配に果たした役割は大きかったことだろう。

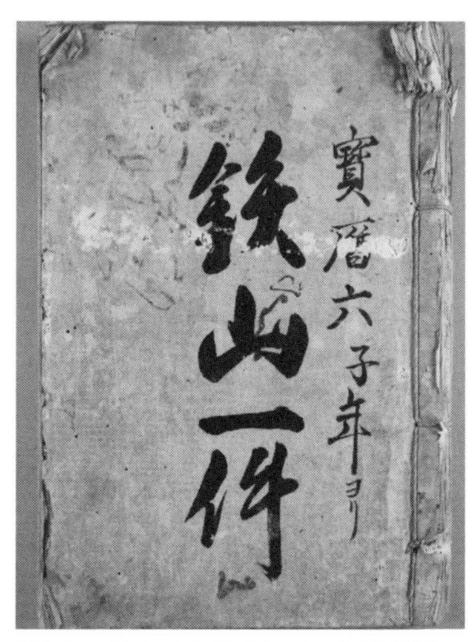

「鉄山一件」山方役人による職務記録。鉄山支配の参考書。（宍粟郡東安積村・須加村門文書。兵庫県立歴史博物館蔵）

三つの谷の鉄山稼ぎ

鉄山稼ぎ

たたらを操業して鉄を製造する仕事を鉄山稼ぎという。播磨国宍粟郡では江戸時代を通じて連綿と営まれていた。嘉永2年（1849）作成の古文書には、池田輝澄が山崎藩を治めていた寛永2年（1625）から鉄山稼ぎは一年も途絶えることなく続いている、と記されている。

鉄山稼ぎは出石の船着き場から10里（約40㎞）余りも離れた山中で行われた。薪炭生産など他の山稼ぎに使えない山奥を鉄山にあてたのだ。そのため、鉄山稼ぎを始めるには、中国山地の雪深く人馬も立ち入らない様な場所を切り開き、製鉄施設を設け、職人らの住居を建て、物資や製品を輸送するための道や橋を造らなければならなかった。加えて、鉄山の請負を申請し、役所の許可を得るという手続きが必要だった。この手続きには数か月を要する上、許可された時期から道などを造り出してはたたらの操業が中断してしまう。宍粟郡では、切れ目なく鉄山稼ぎを続けるための慣例として、許可された営業期間の４、５か月前から準備に取りかかることができた。さらに、たとえ許可の手続きが途中でも、たたらの操業を始めることが認められた。

たたらを設けた三つの谷

宍粟郡の製鉄地帯は三つの谷に区分することができる。古文書では東から「三方谷」「西谷」「千草谷」と表現される（次頁地図参照）。宍粟郡には北部に源流をなす2本の大きな川がある。東を南流するのが揖保川で、国道29号の安積橋付近で西から引原川が合流する。それより北、揖保川がつくる谷を「三方谷」、引原川がつくる谷を「西谷（引原谷）」という。一方、西を流れる千種川の上流域を「千草谷」と呼んだ。山方役所の記録には、これら三つの谷それぞれにたたらを設け、同時に操業していた様子がみえる。

鉄山利用のサイクル

鉄山の資源を消費して木炭の生産が止まり、たたらの操業ができなくなると、製鉄施設をそこで働く職人集団ごと別の山へ移動する。宍粟郡ではこうした移転を繰り返して鉄山稼ぎが続いた。

江戸時代中期、西谷では6年から10年で鉄山を移転した。ただし、1回の請負期間は5年から1年と短い。たたらを設ける時、鉄山は最も資源が豊かな状態にあり、操業が始まると山の木が減ってゆく。鉄山師は山の状態をみて、徐々に期間を縮めながら請負の更新を重ね、木を伐り尽くして移転するタイミングをはかったのだろう。

たたらの操業を終えた鉄山は、約30年かけて回復する。回復した鉄山には再びたたらが巡ってきた。三つの谷ごとに5、6か所の鉄山を設けることで、移転のサイクルが回り、鉄山稼ぎを継続することができた。

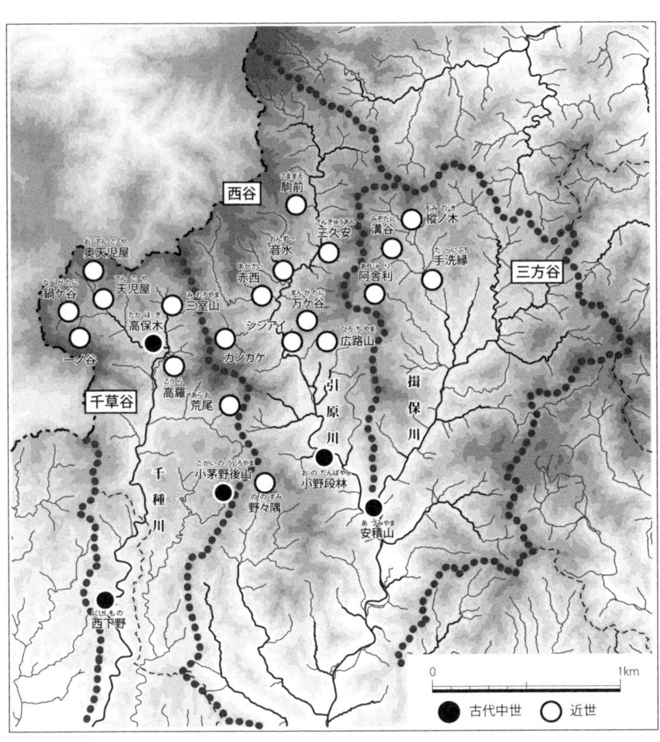

旧宍粟郡内の製鉄遺跡（永恵裕和氏作成）
●：発掘調査された古代・中世の製鉄遺跡
○：江戸時代の史料に名を残した近世鉄山

鉄穴流し

砂鉄採取

宍粟市千種町や波賀町で車道沿いの山麓斜面を眺めていると、ひどくなだらかで明らかに元の地形が崩されて田や畑などになったのではないかと思われる地形に出会う。一歩山の奥に入ると、いたるところで小さな丘の頂が崩されていたり、不自然な谷が山肌を掘り込んでいたりする。こうした人工的な地形の改変は、江戸時代の人々が砂鉄を採取した跡である。播磨では「砂鉄」のことを「鉄砂（てっしゃ）」と呼ぶ。花崗岩類の風化土砂を水路に流し出し、谷川横に設けた「洗場（あらいば）」でわずかに数パーセント程度含まれる山砂鉄を集める方法を「鉄穴流し（かんなながし）」というが、播磨では「鉄砂流し（てっしゃながし）」となる。「鉄穴（かんな）」の文字が示すとおり、元来は手掘りなどで土砂を掘りこんでいたのであろうか。砂鉄を含む母岩の性質によって、山陰方面の鉧（けら）つくりに向く「真砂（まさ）砂鉄」と山陽方面の銑（ずく）つくりに向く「赤目（あこめ）砂鉄」に大別されるといわれ、宍粟郡では真砂砂鉄を産出した（45ページ参照）。

峠の大池

播磨での鉄穴流しの始まる様子を波賀町の高野峠付近で見てみよう。まず出来るだけ標高の高い峠の付近に大池（ ● ）を作る。それよりも上位の小さな谷に石積みの小さなダム（ ■ ）を設けて水平に延びる水路に導き、少しずつ標高を下げながら、同じ方法で次々と小さな谷の水を集め、峠の大池に溜める。峠の大池からほぼ水平に延びる基幹的な水路である「井手（いで）」（播磨では「ユデ」）を伸ばし、「切羽（きりは）」と呼ばれる崩しやすい山の斜面があれば、支水路を設けて斜面の下からいずれかの小さな谷へつなげておく。大変に危険だが、専用の鍬で斜面の下から掘り崩し、斜面全体を崩していく。

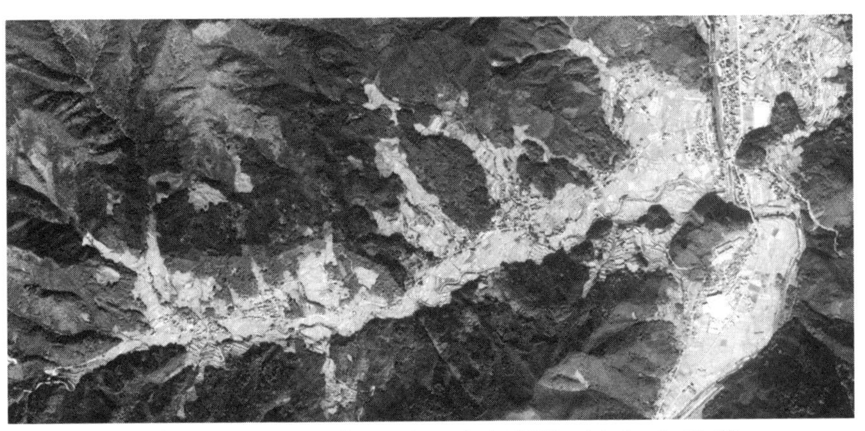

宍粟市波賀町斉木付近（地理院地図（電子国土 Web）より引用、カシミールで作成）

洗場

支水路から小さな谷へ流れ落ちた礫を含む土砂は標高差のある流路「走り」で細かく砕かれ、穏やかな流れの大きな谷と合流しようとする。大きな谷に合流する前に設けられるのが「洗場」（ ⬬ ）で、何連かの石積みなどで固めた船底状の小プールから構成されており、高野峠から水谷方面へ下った谷沿いには多くの洗場がある。洗場での砂鉄採取は水の比重選鉱を利用しており、流れの緩やかな小プールの中で比重の軽い砂粒を洗い流し、比重の重い砂鉄だけを下に沈めていく。これを繰り返して砂鉄を集める。作業には山内の鉄穴師があたるが、下働きには周辺の農民も加わっていた。

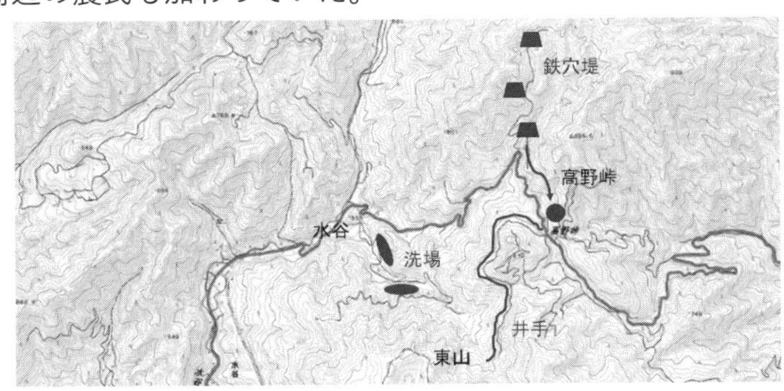

宍粟市波賀町高野峠付近（地理院地図（電子国土 Web）より引用・加筆）

木炭と炉の粘土

木炭

たたら製鉄にとって木炭は主役の砂鉄にも引けをとらない存在で、炉の温度を上げ、一酸化炭素や赤熱炭素になって鉄を還元させるばかりでなく、鉄の中に溶け込んで炭素鋼となる不可欠の原料である。たたら製鉄で使用する炭を「大炭」といい、完全に炭化させる一般の木炭より少し早めに火を止める現代の工業炭に近い品質だった。工業炭には揮発性ガスが多く含まれている。

粉鉄七里に炭三里

一回の操業で砂鉄とほぼ同じ重さの12トン程度を消費し、重さに比べ嵩が大きいため、運ぶのも大変だった。これだけの大炭を焼くために伐り出される生木が生えている山林面積は約1町歩（１町歩は約１ha）と見積もられている。1年に50回操業するとして50町歩、さらに播磨での鉄山請負期間を5年間として250町歩となり、鉄山炭山の面積は最低でも300町歩程度は必要だったであろう。古文書にみえる播磨の鉄山炭山は200 ～ 500町歩程度の面積で、ほぼ実態に見合っているといえる。「粉鉄七里に炭三里」（一里は4km）ということわざは山内がやっていける原料調達距離の限界をあらわしており、周辺三里圏内の山林を伐採してしまえば、別の山内に移動しなければならないということになる。

炭窯（「先大津阿川村山砂鉄洗取之図」東京大学工学・情報理工学図書館工３号館図書室蔵）

大炭を焼くにはよほ

ど大きな炭窯が必要だったに違いないが、残念ながら播磨ではまだそこまで調査がおよんでいない。他の中国山地における調査例では、大炭窯は一回500貫（2トン程度）を焼き、原木切り出しに5日、焼くのに6日、冷ましに4日、俵詰めに5日の合計20日かかったといい、一回のたたら操業のためには6基の大炭窯が同時に動いていなければならないことになる。年間では50回程度操業するわけであるから、6基の大炭窯が年間を通じて働き続けても、たたら18回程度の操業を満たすに過ぎず、計算上は3倍程度の大炭窯が必要となる。作業には山内の山子（やまこ）があたったが、想像を超える厳しい仕事であったに違いない。山内で使う炭には、もう一つ大鍛冶場で使う「小炭（こずみ）」があった。マツなどの枝木を平地で伏焼きにして、最後に山土で覆（おお）って灰になる前に止め消炭（けしずみ）としたもので、こちらは周辺の農民に焼いてもらっていたようだ。

炉の粘土

高殿の中の材料置場には「小鉄町（こがねまち）」「炭町（すみまち）」の外にもう一つ「土町（つちまち）」があった。製鉄炉の材料（釜土（かまつち））の置場で一回の操業で3トン程度を使い、真砂土と粘土を秘伝の組み合わせで練って作るが「一土、二風（送風）、三村下（むらげ）（工場長）」と言い伝えられるほど重要だった。1200度を超える高温に耐えるだけでなく、12トンの砂鉄原料から3～4トンの金属鉄を取り出すために、残りの鉄がチタンなどの不純物とともに、釜土中のケイ素などと反応して炉の外へ溶け出してくれることが必要だった。こうして高温下で溶かし流し出された廃棄物はノロ（スラグ）と呼ばれる。高殿の脇にはこれらが冷えて固まった大量の鉄滓（てっさい）が山積みになっている。

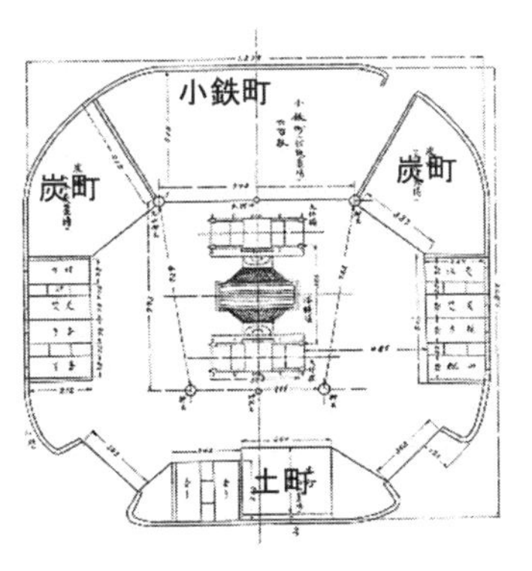

都合山高殿平面図（俵國一（舘充監修）『復刻解説版　古来の砂鉄製錬法－たたら吹製鉄法－』慶友社　2007より引用・加筆）

製鉄炉の操業

炉作り

操業前の下灰作りができると、いよいよ製鉄炉（釜）作りが始まる。炉の基礎部分を元釜と呼び、長い辺全体に風が広がって入るように20個程度の「ホド穴」が放射状に穿たれる。炉の内側は長い辺の断面がV字形になるようにすぼまっており、鉄の還元反応が進行しやすいように形作られている。元釜の上に中釜を積み上げて、一晩、薪木で焼き固める。さらに上釜を積み上げて長さ3m、幅1m、高さ1.2mくらいの製鉄炉が完成する。並行して「ホド穴」と「つぶり山（台）」と呼ばれる炉の両脇から風を送り込む部分をつなぐ「木呂竹」を放射状に配置していく。木呂竹の先端には「鉄木呂」が取り付けられホド穴との間を燃えないようにつなぐ。両方のつぶり山の外側に本来の送風装置が設置されるが「踏鞴」→「箱鞴」→「天秤鞴」の順に発達していった。

一回の操業

鞴からの風を受けて炉から火が舞い立つようになると操業が開始される。これから3～4昼夜の間、休みなく行われる一回の操業を「一代」といい、全行程に責任を持つ工場長が「村下」で、その下に「炭坂」「炭焚」「番子」などの職人が作業を分担する。地位は低いが鞴を操作する単純労働者であ

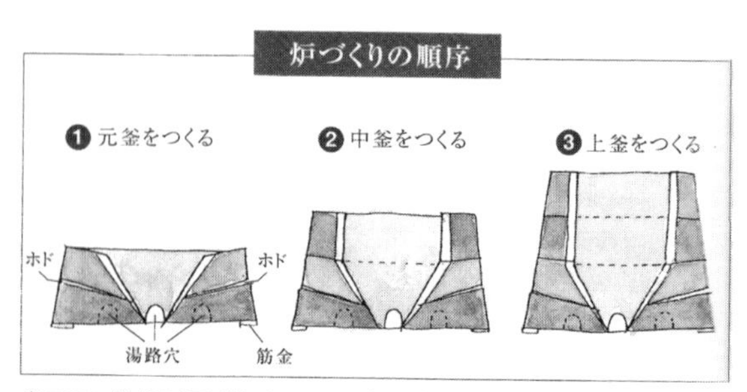

（JFE21世紀財団『たたら―日本古来の製鉄』増補改訂版、2017より）

る番子は常に風を送り続けなければならない大変な作業であり、交替で務めないと身体がもたないところから「代わりばんこ」の語源にもなった。操業自体は30分ごとに種鋤というスコップのような道具に一杯4キロの砂鉄を村下と炭坂が投入し、その後に炭焚がすんどりと呼ばれる竹製の手箕（平ざる）にすくった大炭を足す作業を延々と続けていく（銑押法では装入順序が逆とも伝えられる）。その間、炉内の様子を常に観察し続け、順調に反応が進むようにノロ（スラグ）を流し出さなければならない。還元された鉄に炭素が多く溶け込むと銑（銑鉄）になって溶けていくため、ひときわ光り輝く銑をノロと区別して円形の「湯場」に流し出して固める作業も待っている。山陽側の赤目砂鉄からは銑鉄の流し取りを多くする「銑押法」（四昼夜）が、山陰側の真砂砂鉄からは炉内の鉄の塊を大きく育てる「鉧押法」（三昼夜）が発達したとされているが、実際にはどちらの鉄も生産されていたようだ。操業が終了する頃には炉はやせ細り、中から火が噴き出すような状態になる。総勢で炉を外開きに壊し、表面の炭などを出来るだけ掻き取って中の鉧を放置して冷やす。厳しい仕事の出来は高殿にも祀られている「金屋子神」に見守られており、一代の前後に必ずその無事と感謝が祈られた。

炉の操業（「先大津阿川村山砂鉄洗取之図」東京大学工学・情報理工学図書館工３号館図書室蔵）

鉄山から出荷された製品

鉧と銑

たたら場からもたらされる鉄には、大きく鉧（けら）と銑（ずく）がある。出雲で完成されたとされる鉧押（けらおし）法では炉内で重さ数トンに育った鉧を金池で冷やし、銅折場（大銅場）の櫓へ上げた大きな分銅を落として割り、中小の分銅やハンマーなどを使って順次、小割にしていく。明治時代に「玉鋼（たまはがね）」と呼ばれるようになる良質の鋼が鉧全体に占める割合は多くはなく、表面部分の「歩鉧（ぶけら）」や鉧の底部に育った「裏銑（うらずく）」など、雑多な品位の鉄を含んでいる。玉鋼などの良質の鋼はさらに細かい品位ごとに分けられ刃物の材料として薦（こも）に包んで出荷される。歩鉧や裏銑などは炭素含有度の低い地金にもう一度加工される。銑押では銑の流し取りが中心となり、操業の最後に小さな鉧が炉内に残った。たたら場からもたらされた銑（ずく）は、円形の湯場で固まったため円盤状をしていた（舟形などの湯場もあった）が、割られて一部は薦に包まれそのまま鋳物銑（いものせん）として出荷された。銑は比較的低温で溶けやすく、青銅と同じように鋳型（いがた）に流し込んで固め、鍋釜などになる。

鉧押と銑押　出荷される製品

製鉄法	原料砂鉄	生成物	一次製品	二次製品
鉧押	真砂	鉧	**釼（玉鋼）**	
			歩鉧	**割鉄**
			裏銑	
		流出銑	銑	
銑押	赤目	流出銑	**鋳物銑**	
			銑	**割鉄**
		鉧	歩鉧など	

播磨白鋼

江戸時代後期に著された「古今鍛冶備考（ここんかじびこう）」という刀剣書によれば、「中古天文の頃、播州宍粟郡千草の銕山で白鋼（しろはがね）を吹く法が開発された」とあり、床釣や製鉄炉の構築、操業から白鋼の選別にいたるまでが簡潔に解説されている。白鋼のことを四方白や八方白とも呼び、割面が白銀色に輝き容易には錆びない鋼（後の玉鋼）の製作法が戦国時代に播磨で誕生したというのである。なお、播磨では小型の鉧にあたる鉄塊をそのまま放置して空冷する（火鋼）特徴があるとする（水冷の水鋼に対する用語）。江戸時代に入っても、他の産地で鉧押法が完成していない頃から「釼押」の名称で、播磨白鋼以来の伝統を受け継ぎ、多くの刀剣の材料を製造していたようだ。

大鍛冶

鉄はどのくらいの炭素を含むかによって、大きくその性質を変える。微量だと柔軟で加工しやすい錬鉄となり、2%以下だと焼入れができて非常に硬くなる鋼鉄に、2%を越えると溶けやすい銑鉄となる。たたら場の一画を占める大鍛冶場では、歩鉧や銑などの雑多な鉄を原料として「左下場」と「本場」と呼ぶ縦に細長い大きな鍛冶炉を備えた作業場で鍛錬して、炭素分を二段階で抜き「割鉄」（後には包丁鉄）という柔らかい地鉄にして出荷した。この行程で重さは7割程度に減ったという。刃物や農具などの身は大半が割鉄で出来ており、その使用量は鋼よりはるかに多かった。なお、幕末期の播磨では、割鉄を穴（ダイス）に通しながら引き延ばし、順次小さなダイスに通して細くしていく方法で作られた針金も山内から出荷されている。

大鍛冶の操業（「先大津阿川村山砂鉄洗取之図」東京大学工学・情報理工学図書館工３号館図書室蔵）

千草釼と大坂新刀

新刀の成立と白鋼

中世に隆盛を極めた備前長船刀工が戦国末期に壊滅状態になったとされるなど、刀工の拠点は中世と近世で大きく変動する。また刀そのものも慶長年間（1596 ～ 1615）を境によく鍛えられた雑味のない明るい地鉄となり、刀剣史ではそれ以前を古刀、慶長以後を新刀と区別している。その背景には技術革新があったと考えられており、19世紀初めの刀剣書は、天文年間（1532 ～ 55）に播磨国宍粟郡千草村で白鋼が生産されるようになったことに求めている。それ以前から長船では千草鉄を用いており、時期も含めてどこまで信用できるか定かではないが、「生鋼は播州の千草より出づるものを勝れる」という評価が広まっていた。日本刀の折れず・曲がらず・よく切れるという性質は、炭素量が少なく柔らかい心鉄を、炭素量が多く硬い皮鉄で包むという技法の開発によるもので、貞享元年（1684）に成立した越後の刀工大村加ト『剣刀秘宝』は、心鉄にも柔らかい地鉄と硬い刃鉄を用い、刃鉄には石見の出羽産と宍粟産の二種類を用い、それらを同じく鋼を柔らかに鍛え上げた面状上鉄で包むと粘りがあり、刃こぼれしないとする。この工程を造り込みと呼び、刀工はそれを引き延ばして日本刀へと打ち出してゆくのである。上質の鋼が刀剣には不可欠で、千草釼は高く評価されていた。

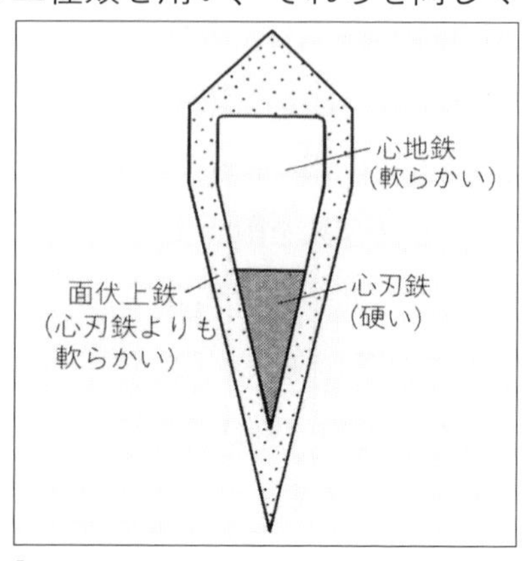

『剣刀秘宝』の造り込み模式図（鈴木卓夫『作刀の伝統技法』オーム社 1994 より）

大坂新刀と千草屋

刀工の拠点は慶長期の京都中心か

ら、その後は大坂・江戸に移り、17世紀後半には堂々たる姿に覇気のある刃文を焼いた大坂新刀が隆盛を極める。このうち中世備前刀風の代表的作者とされる多々良長幸作の刀剣には「千草鉄」・「完栗」などを明記したものがあり、摂津守忠行の作銘にも「志相鉄」がみられる。その背景には千草鋧の流通があり、寛永10年（1633）頃に宍粟郡山崎町で平瀬清信が創業した千草屋は、郡内で鉄山経営を請け負うとともに、同族が大坂で鉄問屋を経営していた。その四代目にあたる平瀬信古は、正徳２年（1712）に宍粟郡山崎八幡宮に宍粟鉄で作られた刀を奉納している。刀工は近江国下坂（長浜市）を出自とし越前松平家に仕えた越前下坂派の高柳貞広・国継父子で、大坂刀工のみならず各地の刀工との間に取引関係があったことがわかる。また初め姫路藩に仕え、後に岡山池田家に仕えた藤原宗栄による、元禄７年（1694）の年紀をもつ脇指には、「播州千種丸一」で作刀したとの銘があり、商品名としても用いられるほどだった。

その後の千草鋧

もっとも19世紀初めには、宍粟郡千草村から始まったため「千草鋧」と称されていた上鋧は、当時は産出されなくなっており、他国産が千草鋧の名で販売されていたともいう。18世紀半ばに千草屋は経営破綻しており、関係が気になるところだが詳細はわからない。それでも天保６年（1835）に武蔵下原鍛冶の広重が「播州千草」まで出向いて作刀したことが知られ、刀工にとって千草鋧には強い思い入れがあったことがわかる。

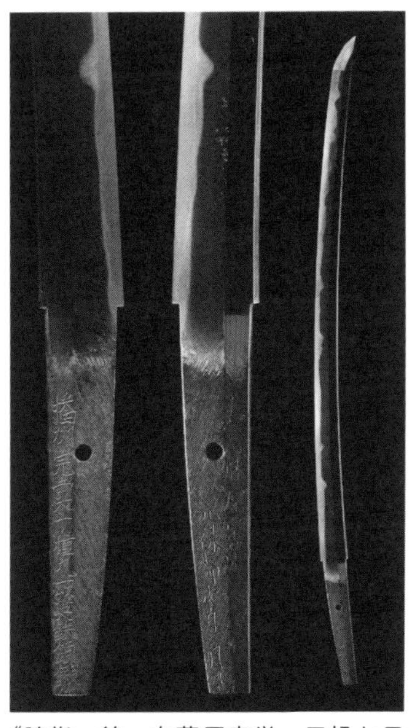

《脇指　銘　右藤原宗栄　元禄七甲戌年二月日／播州完粟千種丸一以英鉄錬鍛作》（姫路市立美術館蔵）

鉄山稼ぎと輸送

輸送業

鉄山稼ぎは輸送業といわれるほど、山奥の山内に出入りする荷運びが多かった。街道までの道つくりや橋かけなどにも多くの労力が注がれた。一回の操業で使用する砂鉄・木炭・粘土などの原料を山内に運び込むのに200駄以上（25トン程度の原料を1駄で重さ120kgを運ぶ計算）、製鉄炉で一回に銑1000貫（3.8トン）を吹いたとして、大鍛冶場で割鉄700貫（2.6トン）にして出荷するには20駄程度が必要となる。山内の住民たちの食糧などを運び込む荷駄もあり、ひっきりなしに荷を積んだ牛馬が出入りしていたに違いない。

それらの牛馬を操るのは近隣の農民たちであり、駄賃稼ぎは貴重な現金収入の道であった。鉄穴流しでの雑用や小炭焼きなども含めて考えれば、たたら産業そのものが周辺農村の働き手をたよりに成り立っていたともいえるだろう。播磨では明らかでないが、他の産地では牛馬を農民に貸し与えて飼育させたり、牛馬購入代銀の一部を貸し与えて駄賃から差し引いたりして、鉄山師が輸送手段の確保に努めていたことも知られている。

出石と高瀬

つり道（小倉豊文編纂、加計慎太郎蔵『芸州加計隅屋鉄山絵巻』株式会社便利堂　1961　複製絵巻下巻より）

宍粟郡内の鉄山から出荷される鉄荷は、まず牛馬によって陸路で山崎城下東はずれの出石河岸に集められた。「千草屋手控帳」の記録する18世紀中頃の駄賃で1駄（鉄2束32貫＝120kg）銀3匁程度となっており、船便に比べれば陸路の駄賃は高くつく。鉄山師の千草屋や鳩屋は揖保川を上下する高瀬舟（たかせぶね）の船主でもあり、鉄荷は舟運（しゅううん）と深く関わっていた。ここから揖保川（いぼがわ）河口の網干（あぼし）港まで高瀬舟の下り賃が銀1匁程度、さらに大型船に積み替えられて天下の台所である大坂までの船賃が1匁程度だった。荷直しや倉庫代などを含めて大坂までの諸入用は10 ～ 14匁程度と見積もられており、山出し原価の1割程度が加算されることになる。

成田屋

網干には幕府領の蔵元を務めていた成田屋という屋号で知られた加藤家があり、江戸時代後期、宍粟郡内の鉄山から出荷された鉄荷を一手に引き受けて大坂などへ送り出していたようだ。その受払帳の一部が残されている。それらによれば、大坂以外に姫路の松原にある多くの業者にも割鉄が送られており、従来から松原釘の材料になったとされてきた。これらの業者は明治時代にはいっそう大型の舟釘を製造するようになり、さらに大正時代に大阪から鎖製造の技術を移入して、現代では国内シェアの7割を占めるまでの地場産業に成長している。ただし、松原へ送られた割鉄はかなりの量が見込まれ、すべて釘の原料となったのか、今後さらに検討していく必要がある。また、この受払帳に針金の出荷が記されている鉄山があり、山内で加工されていたことが分かる。

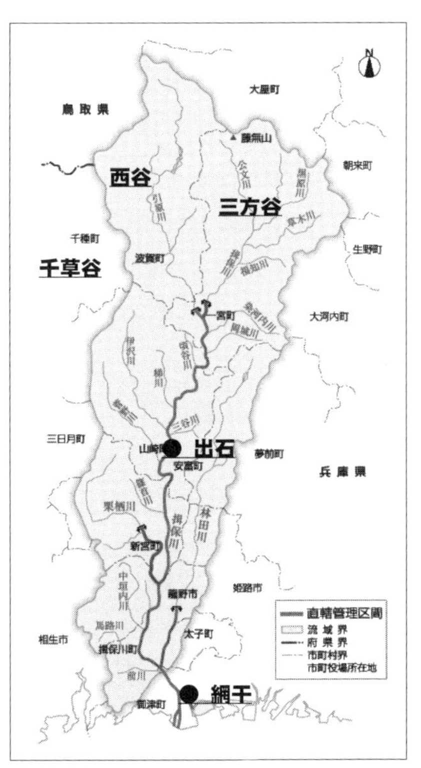

揖保川の舟運（出石～網干）（揖保川流域委員会『いぼがわせせせらぎだより』6号より引用・加筆）

山内の信仰 －金屋子神と鉄山墓－

たたらと金屋子神

たたら製鉄を行う鉄山には、金屋子（かなやご）神をまつる小さな祠（ほこら）が作られた。金屋子神は、中国山地でたたら製鉄に関わる人々から鉄の神としてあつく信仰された。たたら製鉄は経験や勘に頼る作業で、時には危険をともなうことから、人々は作業の成功と無事を神に祈ったのであろう。

宍粟市千種町岩野辺には、金屋子神が天から舞い降りた伝説が残る。この神は現在の島根県安来市広瀬町西比田の方へ飛び去り、その地でたたら製鉄の技術を広めたという。宍粟市千種町岩野辺の荒尾鉄山跡には、桂の木の古い株の根元に小さな祠が残されている。

音水鉄山のあった宍粟市波賀町音水には、金山彦命をまつる音水金山神社がある。金山彦命は金屋子神と同じ神とみなされることがある。神社の由緒書によれば、鉄山の移動とともに一軒木地（赤西鉄山）→滝山（滝谷鉄山）→廣路（広路山鉄山）→鍵掛ケ（鍵掛鉄山）→久保原（赤西鉄山）へと移り、慶応4年（明治元年、1868）に現在地に移ってきたとされる。

左 音水金山神社
右 音水金山神社関係地図
（地理院地図 Vector に加筆）

鉄山墓

宍粟市の山間部には、鉄山で働く人やその家族のものと思われる墓石群がある。

江戸時代になると、たたら製鉄に関わる鉄山労働者は鉄山の経営者から住まいを与えられ、製鉄施設（高殿（たかどの）や大鍛冶場（おおかじば）など）の近くに集まって住むようになった（山内（さんない））。鉄山労働者は家族をもち、死後は山内の墓地に葬られた。播磨の鉄山では、山内の入口近くに墓地があることが多い。1700年代の初めころにはすでに、墓誌（亡くなった人の戒名･法名や年月日）を刻み故人をとむらう習慣があったようで、正徳（1711～1716）や享保（1716～1736）の年号の墓も見つかっている。高温かつ危険なところで働いた鉄山労働者やその家族をとむらうために、これらの墓が作られたのだろうか。

たたら製鉄ではたくさんの炭を使い近くの山の木を切りつくすため、森林再生のサイクルに合わせて操業場所を移動した。鉄山の労働者もまた、新しい操業場所に住まいを与えられて引っ越した。人々が移っても墓は元の操業場所に取り残されたため、鉄山跡に残る墓石群（鉄山墓）として知られている。

赤西山鉄山の墓石群

塩地峠 ―千草鉄が運ばれた道―

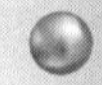

揖保川舟運

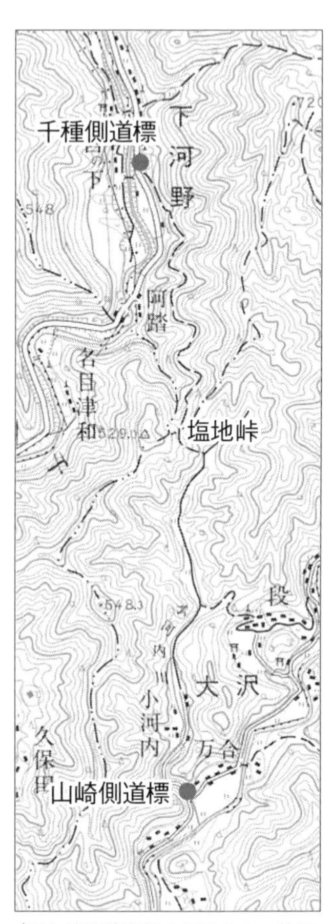

（国土地理院発行５万分の１：佐用に加筆）

宍粟郡で産出される鉄は、中世以降日本刀の原料として珍重され、「宍粟鉄」「千草鉄」などとして銘柄化したことが知られている。江戸時代になると、遅くとも17世紀半ばには、千草屋をはじめとする山崎の商人などの請負によるたたら製鉄が開始されていた。

元和元年（1615）、姫路城主池田輝政の四男である輝澄が３万８千石の宍粟藩を立藩し、それまでの新町の建設や経済振興策によって町場として発展を遂げつつあった山崎の地に居城を構え、本格的な城下町の基礎を築くこととなった。時を同じくして、元和年間（1615 ～ 24）、山崎の商人である龍野屋孫兵衛、英賀屋弥次兵衛らの出資によって揖保川の岩礁が開削され、ようやく山崎出石から揖保川河口の網干までの高瀬舟の通行が可能となったのである。

これにより、宍粟一円の年貢米や薪炭・板材などの産物は、一元的に山崎に集積され、出石から高瀬舟で網干まで下げられることとなった。宍粟の奥深い山中のたたら場で生産された鉄についても、山崎までは陸路で運搬し、出石で高瀬舟に積み替えられて揖保川を下っていった。

塩地峠

千種川上流域から山崎へ向かうにはいくつかのルートがあるが、近世のたたら製鉄の盛行に伴い、山崎への通行の便を図るために新たに開削されたのが塩地峠（しおじ）である。千種町南端の下河野（けごの）から山腹の急斜面をほぼ直線的に南下し、標高468mの峠を越えて山崎町大沢へ下る延長約2.7㎞、幅約1.8mの山道である。大沢からは、土万（ひじま）を経て菅野川沿いを東行して山崎城下に入り、揖保川西岸の出石の船着場に到る。復路では、塩・酒・油・乾物などの食料品、反物や衣料品などがこの峠を越えて千種へ運ばれてきた。明治22年（1889）、千種町下河野から佐用町名目津和（なめつわ）の間の道路が新設されてからは、塩地峠の利用も衰退することとなった。現在では、崩落や荒廃が進んでいるが、鞍部の切通しやところどころに路肩の石積が残され、往時の様子を偲ばせている。

人里離れた深い山中でのたたら製鉄において、砂鉄や木炭の搬入、生産鉄の搬出はもとより、山内（さんない）での生活物資や食料などの運搬に道が果たした役割にはきわめて重要なものがある。たたら製鉄の盛時には、それらの荷駄を人が背に負い、あるいは牛馬の背中に載せて往来や峠道を行き交っていたことであろう。宍粟の鉄山や山間の村々を縦横に結んでいた峠道も、現在ではその多くは草木に埋もれ人々の記憶からも消え去ろうとしている。

塩地峠の古道に残る橋と石積

播磨でのたたら製鉄終焉

閉山

明治維新を迎えた頃、宍粟郡内で操業していた鉄山は、千草谷の天児屋と三室、西谷の音水、三方谷の阿舎利の4カ所で、その他に千草谷の高羅や荒尾などにもたたら製鉄に携わっていた人々が留まっていたようだ。高羅に住む人々は早くに天児屋へ移ったともいわれる。明治7年（1874）の府県物産表では、該当する飾磨県の産鉄量は240トン余りで全国の2％程度を占めるに過ぎなくなっている。さらに、この地域の幕府領森林が一括して国有林となり立ち入りが制限されると、明治政府は山方役所の運上方式鉄山稼ぎを引き継いだわけではないから、経営自体が難しくなっていく。やがて、明治15年（1882）公式記録上、郡内鉄山はすべて休山に追い込まれている。三室に住む人々は、鉄山稼ぎの続いていた岡山県吉野郡（現美作市・英田郡）方面へ全員が転住していったとされている。明治21年（1888）に開山した岡山県西西条郡上齋原村（現苫田郡鏡野町上斎原地区遠藤）の栄金山鉄山では、移住者17戸のうち最多の6戸が千種出身者であったという。

離散する人々

江戸時代、山内は移動し田畑を持たなかったため、必ずしも一般の農村と同じようには扱われていなかった。明治時代になって戸籍が作成されると、山内に住む人々も周辺の農民などと同じように本籍地と苗字を持つ存在となる。その際、各鉄山では元小屋で戸籍が作成されたためか、山内での職分を苗字とすることが多かった。当時の人々の職分に対する誇りや熱い思いを伝えているようにも思われる。しかし、生活のため、たたら製鉄で暮らし続けようとする人々は岡山県方面のたたら場へ移り、兵庫県内の生野（いくの）・明延（あけのべ）・神子畑（みこばた）などの非鉄鉱山へ新たな活路を求めていった人々もいた。山内にそのまま留まった人々は国有林の仕事や炭焼きなどでしのぎ、音水のようにかろうじて現代まで存続する集落もみられる。

国有林の中で

中国地方の主要な鉄産地が大正時代末頃まで存続したのと対照的に、播磨のたたら製鉄は早くに姿を消してしまった。関係する記録は失われ、人々の記憶からも消えてしまいつつあった。そうした中で、かつて播磨の地にもたたら製鉄が栄え、「播磨白鋼」の伝統を伝える鉄山跡がいたるところでみられることを掘り起こしてくれた先人達がいた。遺跡を歩き、鉄山墓を調べ、わずかに遺された古文書を集め、古老からの伝承を丹念に聴き取ってくださった宇野正碤さん、井口二四雄さんや鳥羽弘毅さんらの努力があったからこそ、天児屋鉄山跡・たたらの里学習館の整備は実現した。そうした思いは「宍粟鉄を保存する会」の活動に受け継がれている。

播磨のたたらは早くに国有林の中に埋もれてしまったが、廃絶したままの姿で残されてもいる。それらをどのように継承していくべきかは、私たちに委ねられている。

明治初期まで操業した音水鉄山の高殿跡

第3部

製鉄の現在

近代製鉄の夜明け

急がれる海防

1840年に中国で始まったアヘン戦争は、日本にも大きな衝撃を与えた。西洋の艦船が各地の海岸に続々と現れるようになり、海の守りを固めることが急務となった。江戸のお台場が有名だが、兵庫県内でも西宮砲台をはじめ要地に大砲を据える砲台が築かれていく。こうして砲弾を遠くまで飛ばせる大型の大砲を国産化する必要に迫られたが、従来の日本の鋳造技術では製作することはできなかった。

反射炉

1826年、オランダの砲兵少将ヒューゲニンが『大砲鋳造法』を著した。この書物には、西洋の製鉄炉である「高炉(こうろ)」で鉄鉱石を木炭やコークスで還元して高炭素の銑鉄(せんてつ)を生産し、その銑鉄を「反射炉(はんしゃろ)」で大量に溶かして鋳型に流し込み大砲を鋳造することや、砲身の内面を刳り抜く方法まで図解を交えて分かりやすく紹介されていた。1836年頃には長崎へ輸入され、いくつかの翻訳本も作成されたようだ。1850年、この本を参考にして日本で最初の反射炉が佐賀に築かれて試験操業が始まるが、大量の銑鉄を溶かすこと自体が難しく、製造された大砲も砲身が破損するばかりだった。和銑(わずく)は低炭素の白鋳鉄(はくちゅうてつ)といわれる種類の鉄で、硬いが脆(もろ)く大砲の材料には不向きだった。この後、試行錯誤を繰り返しながら、鹿児島、伊豆韮山(にらやま)や萩など幕府や藩が設置したも

萩の反射炉

のだけでなく、島原、鳥取や岡山では大庄屋や有力商人などが主体となり、日本各地で反射炉が建設されていく。

高炉

盛岡藩の侍医の家に生まれた大島高任（たかとう）は長崎で砲術や洋式製鉄技術などを学び、嘉永3年（1850）ヒューゲニンの『大砲鋳造法』を蘭学者の手塚律蔵（りつぞう）とともに翻訳したという。やがて、水戸藩に招かれた彼は那珂湊（なかみなと）に反射炉を築いたものの、やはり和鉄では成功しなかった。彼の脳裏には故郷の岩鉄（がんてつ）（良質の磁鉄鉱）があり、甲子村大橋（現釜石市大橋）では、採掘した岩鉄を原料にたたら製鉄が試みられたが失敗していた。

大島はヒューゲニンの紹介する西洋式「高炉」で故郷の岩鉄を原料として、西洋で大砲鋳造に使われる高炭素で衝撃に耐えるねずみ鋳鉄といわれる種類の鉄を生産する計画を立てた。安政4年（1857）3月、大橋で建設工事が始まり、12月1日、溶けた銑鉄を炉の外へ流し出す最初の出銑（しゅっせん）に成功した。この日を「鉄の記念日」といい、大島を「近代製鉄の父」と呼ぶ。現存する橋野をはじめ、以後、釜石には計13基の洋式高炉が築かれ、明治8年の官営釜石製鉄所の設立へとつながっていく。日本の近代製鉄は岩手県から始まった。ちなみに、仙台藩も洋式高炉の建設をめざし、文久山高炉を操業させた。その指導者として招かれた江戸の陶工三浦乾也（けんや）は、長崎で造船術や金属加工技術を学んだ。彼を紹介したのは、高砂出身の姫路藩儒者で尊皇攘夷派の菅野白華（すがのはくか）であったという。

岩手県釜石市橋野鉄鉱山一番高炉
（釜石市立鉄の歴史館提供）

たたら製鉄の存亡をかけて －鉄滓吹角炉－

官営広島鉄山

播磨のたたら製鉄は明治前期に途絶えた。広島藩では江戸時代から藩営鉄山を営んでおり、廃藩置県後、一時的に民営化されたが、明治8年（1875）官営広島鉄山として存続が図られた。明治10年（1877）頃の鉄価格は、和鉄（割鉄）100斤（60kg）当りで5円程度に対して輸入銑鉄1円程度と大きな差があり、たたら製鉄業者たちは存続の危機にあった。たたら製鉄の課題は、砂鉄から還元される鉄の歩留まりが低いこと、木炭を大量に必要とすること、操業ごとに炉を築き直さなければならないなど年間の稼働率が低いこと、多くの番子を抱えなければならないなど労働生産性が低いことにあった。政府は新技術の導入や経営効率化のため、明治17年（1884）当時最先端の冶金技術を学んだ青年技師小花冬吉（おばなふゆきち）を、山深い落合（おちあい）作業所（現三次（みよし）市）に送り込んだ。小花は、後に官営八幡製鉄所の製銑部長を務めるなど、近代製鉄の国産化に大きな貢献を果たした人物である。翌年には、後輩の黒田正暉（まさてる）を加え、たたら製鉄に近代洋式製鉄の技術を導入した新型炉の操業をめざした。

官営広島鉄山落合作業所（三次市教育委員会提供）

鉄滓吹角炉

小花は、まずはじめに人力送風の番子労働をなくすべくトロンプ式と呼ばれた水力送風装置の開発に取り組み、次に廃棄物である大鍛冶滓（鉄分を50％程度含有しており良質の鉄鉱石と同等）を製鉄原料とする実験を始めた。3年で落合作業所を離れた小花の研究を引き継いだ黒田は、苦難の末、明治26年（1893）鉄滓吹角炉（てっさいぶきかくろ）からの出銑に成功した。耐火レンガを積み上げて築いた黒田の角炉は、高さが7m余りもある小高炉のようであった。炉壁を溶かせないため石灰を加える工夫も試みられている。

官営広島鉄山は明治37年（1904）に幕を閉じる。鉄滓吹角炉は島根県や鳥取県の鉄山経営者に取り入れられ、平面の断面が横長の「たたら型角炉」、正方形の「落合角炉」、円形の「丸炉」などのバリエーションがあった。原料には砂鉄も使用され、たたら製鉄が姿を消した後も、細々とではあるが、不純物の少ない優良な木炭銑（もくたんせん）を生産できる利点を活かし、現日刀保（にっとうほ）たたらのある鳥上（とりがみ）木炭銑工場では、昭和40年（1965）まで稼業されていた。

鳥上木炭銑工場の１号角炉
（島根県古代文化センター提供）

播磨の角炉

ここ播磨でも鉄滓吹角炉が営まれていたことはあまり知られていない。第一次世界大戦で鉄需要が高まる中、日本国内での鉄生産に力が注がれ、従来のたたら製鉄とともに鉄滓吹角炉が各地に建設されていく。国道29号線に沿う宍粟市波賀町原（現「道の駅はが」の所在地）に鉄滓吹角炉が築かれ、大正7年（1918）10月10日に火入れが行われたと記録されている。再び、廃棄されていた鉄滓から鉄を取り出そうとするのは第二次世界大戦中で、宍粟郡の各地から、姫路に建設されたばかりの広畑製鉄所へと運ばれていった。

波賀森林鉄道の歴史と未来

波賀森林鉄道の歴史

旧宍粟郡でたたら製鉄を行っていた幕府領の山々は明治11年(1878)頃に国有林に編入された。そして現在の宍粟市波賀町域の半分近くの面積を占める国有林から木材を輸送するため森林鉄道が計画され、音水や赤西事業地から町の中心部の上野貯木場に達する延長24kmの幹線が大正13年(1924)に完成した。次いでカンカケや赤西、万ヶ谷、音水など、江戸時代に鉄山が営まれた山林に森林鉄道の支線が敷設されていった（写真1)。

森林鉄道は主に木材を運搬するための林業用の鉄道で、農商務省所管国有林における最初の本格的な森林鉄道は明治41年(1908)に運用を開始した津軽森林鉄道である。森林鉄道の路線は最盛期には全国の国有林を中心に1,258路線8,971kmに及んだが、昭和30年代後半から廃止や自動車用林道への転換が進み、専ら国有林における木材輸送に用いられるものは現存しない。

波賀町の急峻な山々において木材を運ぶため、支線にはインクラインや索道（木材輸送用のケーブルカーやゴンドラ）を用いる箇所が多く、更にインクラインの先にも上部軌道が延びるなど路線は変化に富んでいた。特に全長800mの万ヶ谷索道は木材を積んだトロッコごと吊り上げて国道29号や引原川をひと跨ぎするというスリルに満ちたものであった。「林鉄」「トロ道」と呼び親しまれるなど地元の住民にとって身近な存在であった

写真1　赤西国有林から貯木場に向かう機関車（橋元利之氏提供）

森林鉄道も、木材輸送の主役がトラックに移り変った結果、昭和30年代から路線の廃止が進み、昭和43年（1968）7月16日の中音水線廃止で、その歴史に幕を閉じた。

波賀森林鉄道の現状

廃線跡の多くはトラックを通すための林道に改修され、また上野貯木場から音水方面に向かう幹線は全線がサイクリングロードとして整備されたが、中音水線に関しては全長約6kmの廃線の多くの部分が現存している。山中に線路を敷くために石垣で築かれた路盤の跡が延々と続き、その途中に橋梁11基とトンネル1カ所が存在する（写真2）。一部の橋梁の上には今でも枕木が残されていることが奇跡的にすら感じられる。また終点付近には作業員宿舎の廃屋や風呂やカマドが現存しており、そこに打ち捨てられた食器やガラス瓶などから当時の作業員の息吹が伝わってくるかのように感じられる。

波賀森林鉄道の未来

このような廃線跡は地元の波賀元気づくりネットワーク協議会によって調査や整備が行われ、さらに同協議会が中心となって森林鉄道跡を活用した地域活性化をめざす「波賀森林鉄道復活プロジェクト」が令和3年(2021)4月から進行中である。現地の廃線跡を利用するのではなく、町内の宿泊施設「フォレストステーション波賀」敷地内に森林鉄道の軌道を再現し、そこで復活運転を行う計画である。

令和5年8月26日には全長108mの周回軌道が完成し、国土交通省北陸地方整備局立山砂防事務所から払い下げられた車両を用いてすでに運行を始め、令和6年10月には総延長678mの軌道(きどう)が全線完成する予定である。

写真2　山中に残る波賀森林鉄道の橋梁跡

洋鋼の輸入と鉄道レール

鉄道のはじまりとレールの輸入

明治以降、欧米諸国から安価な鉄が輸入されたこともたたら製鉄を衰退させた一因となった。鉄道レールはそのような鉄製品の代表例である。明治５年（1872）開業の新橋―横浜間と明治7年開業の神戸－大阪間の官設鉄道建設には英国から輸入した錬鉄製の双頭レールが用いられた。写真1の双頭レール側面には“DARLINGTON IRON CO 70 IGJR”と記され、明治政府の発注によりダーリントン社が1870年に製造したと読み取れる。

写真１　双頭レール（1870年）
（兵庫県立歴史博物館蔵。産業遺産学会推薦産業遺産）

通常のレールは列車の車輪に接する頭部が丸く、まくらぎを介して地面に接する底部は平らである。いっぽう双頭レールは頭部と底部どちらも丸く、レールの頭部が摩耗しても上下反転させて再利用が可能である。しかし敷設には専用の鋳鉄製まくらぎが必要であり、阪神間の官設鉄道以降はこのレールが使用された線区はなかった。引き続き建設された京阪間の官設鉄道では錬鉄製平底レールが使用され、さらに明治10年以降は鋼製のレールが導入されることから、錬鉄製双頭レールはわが国の鉄道黎明期のみに使用された貴重な歴史遺産といえよう。

写真２　ＪＲ神戸線甲子園口の駅ホーム上家支柱

レールに見える世界の製鉄史

役目を終えたレールは駅ホーム上家の支柱などに再利用されるものがあった。レールには必ず製造会社と製造年が記され、それを発注した鉄道会社などが記されることもある。このような標記（ロールマーク）を兵庫県内の駅などで観察すると、鉄道創立期のレールに出会うことがある。たとえばJR東海道線（JR神戸線）甲子園口駅ホーム上家の支柱や梁（写真2）は、すべてJR福知山線の前身である阪鶴鉄道の敷設に際し、カーネギー社などアメリカの製鉄会社から調達したものである。また山陽電鉄の霞ヶ丘や高砂などの各駅には、前身の明姫電気鉄道（開業前に神戸姫路電気鉄道に改称）がクルップ社やグーテ・ホフヌングス・ヒュッテ社といったドイツのメーカーなどに発注し、開通前年の1922年に製造されたものが見られる（写真3）。

駅ホームなどで再利用されたレールの標記を収集・整理すると、明治期のレールは当初はすべてイギリス製であったものが、明治30年頃からはカーネギー社に代表されるアメリカ製品に置き換えられることに気づく。明治34年の官営八幡製鉄所設立後も、大正年間のうちはアメリカに加えてドイツやフランス、ベルギーなどヨーロッパの製鉄が盛んな国々からレールが輸入されたが、昭和に入ると八幡製鉄所でもレール製造能力が増強され、昭和２年(1927）以降のレールはすべて国産製品だけでまかなわれていることがわかる。このように駅などの再利用レールの観察により、わが国のレール国産化の過程を確認することができるのである。

写真３　山陽高砂駅の再利用レール、明姫電鉄発注、グーテ・ホフヌングス・ヒュッテ製

日本製鐵広畑製鐵所の誕生

近代製鉄の誕生

官営八幡製鐵所（工事中）伊藤博文公来所記念
（明治 33 年：1900）（日本製鉄株式会社九州製鉄所蔵）

播磨のたたら製鉄が終りを迎えた19世紀後半頃、欧米では鉄鉱石を溶かし銑鉄（せんてつ）（鋳鉄）をつくる高炉と、銑鉄を処理して鋼にする転炉（てんろ）・平炉（へいろ）を設けた製鉄所がつくられ、「銑鋼一貫方式」による鉄鋼の量産化がおこなわれていた。

日本では安政4年（1857）に、現在の岩手県釜石市大橋地区で、西洋と日本の伝統技術を融合させ、木炭燃料と鉄鉱石を原料にした木炭高炉を完成させた。明治13年（1880）、政府は官営釜石製鐵所を設置し木炭高炉を使って操業するが、生産コストが高く2年後には民間に払い下げられ釜石鉱山田中製鐵所として民営化された。当時の日本は近代化に向け鉄道建設がすすみ鋼の需要が増大し、鋼材の輸入が急増した。

日清戦争（1894 ～ 95）後、鉄鋼生産国産化の機運が高まり、明治政府内で製鉄所の建設に向けた検討が本格化した。燃料となる石炭の産地が近いこと、臨海部に面し原料や製品輸送が便利なこと、工場用水、労働力の確保が容易なことなどの観点から、明治34年（1901）、現在の北九州市にドイツの先進的技術を採用した銑鋼一貫製鉄所「官営八幡製鐵所」が完成した。

日本製鐵株式會社の設立

産業用資材需要の増大や明治37年（1904）の日露戦争、大正3年（1914）からはじまった第一次世界大戦を背景に、鉄鋼需要は拡大した。満州事変後、戦時体制が深まる中、政府は財政を圧迫する輸入鉄鋼量を減らし、国産化による安定供給を目指し、昭和9年には、官営八幡製鐵所と民営5社が合併し、国策会社日本製鐵株式會社が設立された。鉄鋼生産能力を向上させるため、五次にわたる製鉄所の増設や生産設備の拡充計画が策定され、鉄鋼生産の増加がはかられた。

日本製鐵広畑製鐵所の誕生

昭和11年（1936）に立案された第四次拡充計画では消費地に近い臨海部での製鉄所建設が計画され、大阪府、和歌山県と兵庫県（尼崎・尾上・大塩・広畑）の臨海部が候補地となった。総工費、人材確保、立地地盤、港の水深などの点から姫路市広畑地区に決定した。昭和14年（1939）、八幡製鐵所に続く日産1,000トンの高炉と初の150トン平炉を備えた銑鋼一貫方式製鉄所として操業を開始した。昭和17年（1942）には連続熱間圧延機を導入し厚板鋼板の製造を開始し、戦時の鉄鋼生産の重要な役割を担った。広畑地区周辺には昭和8年（1933）に山陽製鋼所（現山陽特殊製鋼）をはじめ、昭和13年（1938）には日本砂鐵鋼業飾磨工場（現合同製鐵姫路製造所）が操業するなど、後の播磨臨海工業地帯の核になる鉄鋼業を中心とした工業地帯が形成されていった。

日本製鐵広畑製鐵所高炉火入れ式（昭和14年：1939）
（毎日新聞社提供）

遺跡立体図とたたら製鉄遺跡

高精度DEMとは

兵庫県は、令和元年（2019）から高精度ＤＥＭ（Digital Elevation Model）を無料で整備公開している（https://www.geospatial.jp/ckan/dataset/2022-hyougo-geo-potal）。高精度ＤＥＭは、UAVや航空機から、レーザーを地表に照射して計測した測量データで作成したデジタルデータである。何万にも及ぶ点群から作成することから、これまでの等高線からなる地図に比べて、微細な地形の起伏を表現することができ、古墳や城館跡などの、地面に明瞭な起伏を持つ遺跡の形状をよりビジュアルに表現することができる。

遺跡立体図とは

遺跡立体図は、高精度DEMを用いた地形表現の１つである。この図の特徴は、地形の起伏を立体的に表現するだけではなく、高さの違い（比高）を色の違いで、傾斜の緩急を明暗で表現していることだ。

遺跡立体図の作成方法は右図のとおりである。点群データから標高値を内包した画像である高精度DEMラスターを作成し、それを解析し4つの画像を作成する。４画像をそれぞれ透過・乗算することで、１枚の遺跡立体図が完成する。

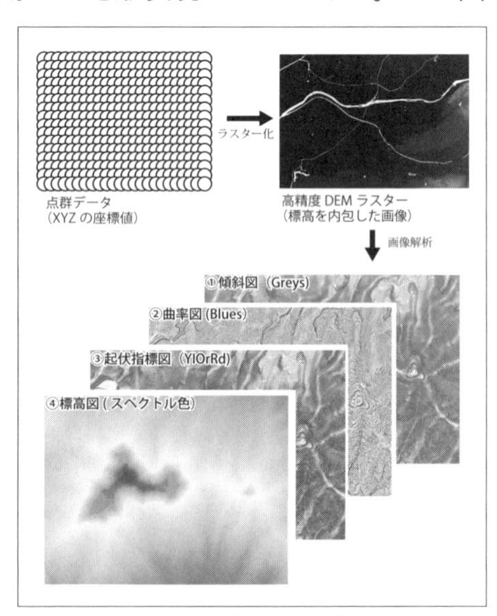

遺跡立体図の作り方（永恵 2023）

たたら製鉄遺跡での利用

たたら製鉄遺跡は、A)砂鉄を溶かして鉄をつくる高殿や運営施設である山内に加え、B）原材料となる砂鉄を採集する切羽、C）土砂を流す井手や砂鉄を選鉱する鉄穴洗場、などの複数の要素からなる複合遺跡である。そのため、遺跡は広大な範囲に及び、これまでの調査では遺跡の位置や規模を充分に把握することができなかった。

下図は、宍粟市千種町西河内周辺の遺跡立体図である。図中東西の山塊に比べ、「溶けたような」見た目となっている白線で囲んだ範囲が切羽と考えられる。この東西南北約2kmの範囲に、井手や選鉱場が所在し、それらの中心部分に、高殿と山内である県指定史跡天児屋鉄山跡（図中ア）と、たたら製鉄研究班の調査で詳細が判明した奥天児屋鉄山跡（図中イ）、が所在している。

このように、宍粟市千種町西河内周辺では、たたら製鉄遺跡が良好に残っている。遺跡立体図を片手に、県内屈指のたたら製鉄遺跡の威容をぜひ現地で体感してほしい。

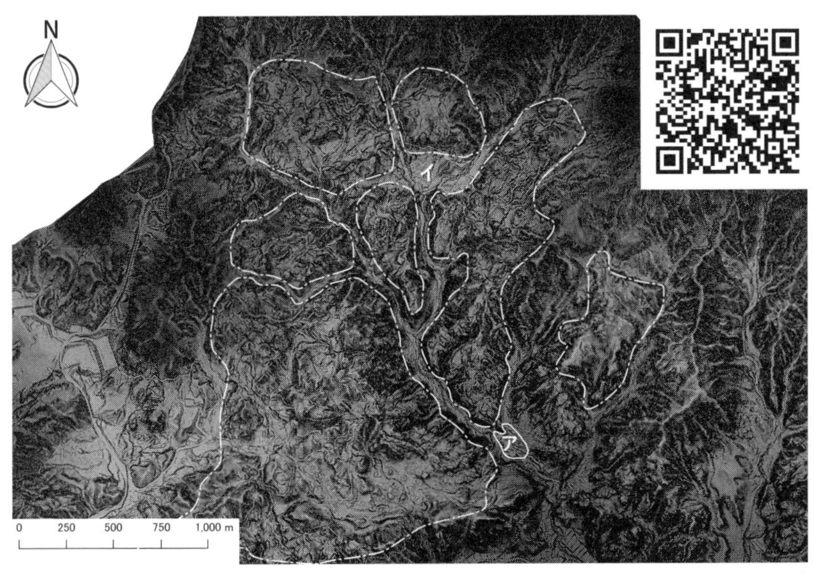

宍粟市千種町西河内周辺の遺跡立体図（カラー図は上記QRコードリンク先の2ページを参照）

千草鉄を守り伝える －宍粟市立千種中学校－ 

たたら製鉄学習

千草鉄のふるさとにある宍粟市立千種中学校では、毎年10月、たたらの里学習館を舞台にたたら製鉄の体験学習が行われている。平成９年に始まり、令和５年で27回目を迎えたこの学習は、夏休みの千種川での砂鉄採取に始まり、簡易な装置を使った砂鉄と砂の比重による選別、製鉄炉補修の手伝いといった準備にも取り組む。

当日は、宍粟鉄を保存する会をはじめとする地域の方々の協力のもと、燃料の炭割り、炉への炭と砂鉄の投入、投入時間や量・炉内温度の記録、炉の解体といった一連の作業を２年生全員が体験する。あわせて、学習館の展示や隣接する県指定史跡天児屋鉄山跡を見学し、かつて千草鉄､宍粟鉄として名をはせた地域ブランドへの学びを深める。まさに、地域に根差した総合的な体験学習が、地域との協働で継続されているのである。その始まりの契機は、昭和20年代にまで遡る。

記憶と記録の掘り起し

古くは『播磨国風土記』に記され、中世以来日本刀の素材として高く評価された当地域の鉄生産も、明治以降、急速に衰退し、同時にその記憶や記録も失われていった。

その掘り起しが始まるのは戦後になってからである。昭和20年代以降、地元教員を中心とする人々の手により、現地踏査、古老からの聞き取り、墓碑銘や過去帳の調査、たたら関係文書の収集などが精力的に行われ、その成果は『広報ちくさ』への連載をとおして町民にも広く紹介された。

さらに、昭和40・50年代には『千種町史』編纂作業や高保木遺跡、天児屋鉄山という後に県史跡となる製鉄遺跡の発掘調査により、地元でのたたら製鉄への関心は大いに高まってゆく。

たたら製鉄学習の始まり

平成５年には、発掘後の天児屋鉄山の整備が始まり、あわせてガイダンス施設としてたたらの里学習館も建設され、平成９年４月に開館を迎える。学習館には砂鉄を使った製鉄を具体的にイメージできるよう三木市和鋼製作グループが製作指導にあたったミニたたら炉も設置された。

町や教育委員会からのミニたたら炉の活用を図る働きかけに呼応して、千種中学校が手探り状態から始めたのがたたら製鉄学習である。知識や経験のない事を授業に取り入れるに当たっては、教育委員会や地元の郷土史家と連携が必須であり、その教示を得ながら、試行錯誤の末、平成９年10月に１回目のたたら製鉄学習が実現した。

たたら製鉄学習から千種学へ

現在、千種中学校では一年をとおして、たたら製鉄学習を中核に、茶摘みや製茶、しめ縄づくり、炭焼き体験など地域密着型の体験学習が総合的な学習の時間を活用して実施されている。町内の様々な伝統文化や産業に触れ、地域への愛着や理解を深めようとする「千種学」である。

山間の小さな町の子供たちにとって、こうした取り組みが地域に親しみや愛着、誇りをもつ契機となっていることを、記録集の感想文や体験者への聞き取りから知ることができる。少子高齢化が加速度的に進む中ではあるが、今後も長く継続されることを願いたい。

令和５年度のたたら製鉄学習の様子（左：砂鉄の投入、右：炉の解体）

おわりに

平成27年（2015）４月、国宝・姫路城大天守の北側に所在する兵庫県立歴史博物館にひょうご歴史研究室が誕生した。本研究室は県内外の歴史系博物館、資料館、自治体、大学、民間団体の関係者と協力して共同研究を行うことで、県民の郷土に対する愛着を深め、地域の歴史文化遺産の活用の基礎作りに貢献することを目指している。

本書は、ひょうご歴史研究室を構成する研究班のうち、たたら製鉄研究班による9年以上にわたる研究成果が土台となっている。本研究班は過去の製鉄遺跡の発掘調査成果の再検討や、当館所蔵の古文書の翻刻を活動の中心に据えるとともに、新たな資料の発見や、実態が明らかにされていない鉄山の現地調査を進めるなど、文献史学と考古学の両面から兵庫県域のたたら製鉄に関する知見を深めていった。

このようなたたら製鉄研究班の活動成果を活かし、兵庫県立歴史博物館では令和６年度秋季特別展「ひょうご鉄ものがたり」〔会期：令和6年(2024)10月５日～11月24日〕を開催することになった。この特別展は、江戸時代に旧宍粟郡などで行われたたたら製鉄を中心に、兵庫県域の製鉄等の歴史を概観するものである。本書は特別展の理解を深めるための、いわば副読本としても位置づけられる。

海上交通の要衝である明石海峡を眼下に望む淡路島北部の五斗長垣内遺跡などで発見された、弥生時代後期の鉄器作りの工房跡に関しては、当時すでに朝鮮半島から鉄素材の輸入ルートが出来ていた可能性を提示している。

奈良時代に編纂された『播磨国風土記』には現在の宍粟市や佐用郡で鉄を産出する記述が認められ、また奈良平安時代の製鉄遺跡が実際に発掘されたことなどは、律令期にはすでに製鉄が開始されていることを示している。

中世には宍粟鋼が刀剣の素材として一定の評価を得ていたこと、またそれが江戸時代にはさらにブランド化が進められたことを、古文書とともに江戸時代の刀剣の展示により示している。

そして江戸時代の宍粟におけるたたら製鉄に関しては、原料や燃料の採取、製鉄集落「山内（さんない）」における砂鉄の製錬や大鍛冶、さらにそれらの消費地への搬出という鉄山経営の実態を、本研究班が明らかにした成果を古文書の展示とともに披露する。また鉄山の現地調査については、踏査によって得られた情報をもとに、兵庫県が公開する高精度3次元データを活用し新たに開発した遺跡立体図の展示により、山内だけではなく原料、燃料採取地の現況を明示している。

ところで、たたら製鉄では炭の原料となる木を伐り尽すと、鉄山師は生産施設ごと鉄山を移転することにより経営を継続させた。炭山の回復に必要な30年前後の期間に5ヶ所ほどの鉄山をローテーションして経営を続けるというように、森林の循環利用が図られてきた。

これまで製鉄では多量の二酸化炭素を排出してきたが、現代の製鉄においては、地球環境と共生しつつ持続可能な手法が求められており、実際にCO2の排出を極力抑えながら、より高品質の製品を生み出す取り組みが兵庫県内の製鉄所で進められている。今後さらに地球環境に配慮しつつ、持続可能な製鉄の取り組みが進むことに期待が高まる。

このようにひょうご歴史研究室・たたら製鉄研究班の研究成果は、現代人にとって社会課題の解決の実例を示すものが含まれており、その成果を当館の特別展で披露するに至ったことが、本研究班の活動の大きな成果といっても良いのではないだろうか。

最後に、いちいちお名前を記さないが、本書の刊行にあたり貴重な資料をご提供いただいた関係者や関係各機関、およびご協力いただいたみなさまにあつく感謝を申し上げる。

令和6年（2024）8月

兵庫県立歴史博物館館長補佐兼事業企画課長

鈴木　敬二

主要参考文献

◆はじめに

貝柄徹、二階堂達郎、岡本篤志『神戸製鋼所神戸製鉄所第３高炉三次元計測調査報告』大手前大学史学研究所紀要、オープン・リサーチ・センター報告14　大手前大学史学研究所　2019

◆第1部　鉄づくりの始まり

穴澤義功「第１部　製鉄遺跡からみた日本列島各地の鉄生産の様相　東海・甲信地方、関東地方」島根県古代文化センター研究論集24『たたら製鉄の成立過程』2020

上栫武「古代吉備と西播磨の製鉄遺跡」『ひょうご歴史研究室紀要』7　2022

大澤正己「金属組織学から見た日本列島と朝鮮半島の鉄」『国立歴史民俗博物館研究報告』110　2004

大村拓生「千種鉄の流通と刀剣」『ひょうご歴史研究室紀要』4　2019

大村幸弘『アナトリア発掘記　－カマン･カレホュック遺跡の二十年－』ＮＨＫブックス　2004

大村幸弘 研究代表『科学研究費助成事業研究成果報告書　カマン・カレホュック遺跡前３千年紀崩壊層の調査』2017

角田徳幸『たたら吹製鉄の成立と展開』清文堂出版　2014

角田徳幸『たたら製鉄の歴史』吉川弘文館　2019

坂江渉「志深ミヤケと湯山街道」兵庫県立歴史博物館ひょうご歴史研究室編『『播磨国風土記』の古代史』神戸新聞総合出版センター　2021

潮見浩『図解　技術の考古学』有斐閣選書　1988

島根県立古代歴史博物館企画展図録『たたら －鉄の国　出雲の実像－』2019

島根県古代文化センター研究論集24『たたら製鉄の成立過程』 2020

최영민(チェ・ヨンミン)「平澤　佳谷里遺跡 製鉄」『平澤　佳谷里遺跡（平澤振威2一般産業団地（２段階）造成部地内)』三江文化財研究院　2017

張光明、于孔宝、陳旭主編『中国冶鉄発源地研究文集』齊魯書社　2012

津本英利「古代西アジアの鉄製品－銅から鉄へ－」『西アジア考古学』5　日本西アジア考古学会 2004

土佐雅彦「播磨の鉄」『風土記の考古学』2　同成社　1994

禰宜田佳男「弥生時代の播磨地域の道」『ひょうご歴史研究室紀要』6　2021

兵庫県教育委員会『志染中梨木遺跡』兵庫県文化財調査報告511 2020

北京鋼鉄学院編集部編『中国冶金史論文集』北京鋼鉄学院　1986

村上泰樹「播磨北西部の古代・中世鉄生産研究の動向」『ひょうご歴史研究室紀要』

9　2024
村上恭通『倭人と鉄の考古学』青木書店　1998
村上恭通『古代国家成立過程と鉄器生産』青木書店　2007
村上恭通研究代表『科学研究費助成事業研究成果報告書　製鉄の起源と展開に関するフィールドワークに基づいた実証的研究』2017
島根県瑞穂町教育委員会『立岩3号製鉄遺跡発掘調査報告書』瑞穂町埋蔵文化財調査報告2　2000
山尾幸久『日本古代王権形成史論』岩波書店　1983
梁雲「論早期秦文化的来源与形成」『考古学報』2017 年第2期〈長澤文彩訳、岸本泰緒子校〉（東京大学学術機関リポリトジ）

◆第2部　播磨のたたら製鉄

宇野正碤「兵庫県宍粟郡における近世鉄山業について」『たたら研究会研究紀要』1　1958
大阪歴史博物館特別展図録『なにわ人物誌　没後100年　最後の粋人　平瀬露香』2008
大槻守「解題　「「鉄山一件　－山方役所留記－」山方役人「留記」としての「鉄山一件」」『近世播磨のたたら製鉄史料集』（ひょうご歴史研究室紀要別冊）　2020
大槻守「過去帳から見た終末期鉄山の山内住民　－播磨天児屋鉄山の場合－」『ひょうご歴史研究室紀要』7 2022
大村拓生「千種鉄の流通と刀剣」『ひょうご歴史研究室紀要』4　2019
笠井今日子「「鉄山一件」からみる18世紀後期播磨国宍粟郡のたたら製鉄」『ひょうご歴史研究室紀要』3 2018
笠井今日子「解題　播州宍粟郡鉄山請負御用留」『近世播磨のたたら製鉄史料集』（ひょうご歴史研究室紀要別冊）2020
笠井今日子・土佐雅彦「『勤方覚書』（解説と翻刻）」『ひょうご歴史研究室紀要』7　2022
黒滝哲哉『美鋼変幻　－「たたら製鉄」と日本人－』日刊工業新聞社　2011
小林盛三『ふるさとの伝説』兵庫県波賀町農業協同組合　1991
ＪＦＥ21世紀財団『たたら　－日本古来の製鉄－』増補改訂版　2017
鈴木卓夫『たたら製鉄と日本刀の科学』雄山閣　1990
俵國一（舘充監修）『復刻解説版　古来の砂鉄製錬法　－たたら吹製鉄法－』慶友社　2007
鉄の道文化圏推進協議会編『金屋子神信仰の基礎的研究』岩田書店　2004
田路正幸「近世たたら製鉄の道」『ひょうご歴史研究室紀要』6　2021
土佐雅彦「たたら製鉄から近代製鉄へ」『ひょうご歴史研究室紀要』4　2019

土佐雅彦「高砂の入江家とたたら製鉄」『ひょうご歴史研究室紀要』9 2024
鳥羽弘毅『たたらと村 －千種鉄とその周辺－』兵庫県千種町教育委員会　1997
日本鉄鋼協会監修、舘充訳『現代語訳　鉄山必用記事』丸善出版　2001
兵庫県教育委員会『製鉄遺跡Ⅱ（波賀町）』1994
伏谷聡「『千種屋手控帳』－解説と翻刻－」『ひょうご歴史研究室紀要』3　2018
山崎町史編集委員会『山崎町史』兵庫県山崎町　1977

◆第3部 製鉄の現在

伊藤誠一『林鉄の軌跡 －大阪営林局管内の森林鉄道と機関車調査報告書－』ないねん出版　1996
稲角忠弘、菅和彦『世界遺産　明治日本の産業革命遺産ガイドブック　製鉄・鉄鋼編　鉄がわかる本』（監修加藤康子）「明治日本の産業革命遺産」人材育成事業実行委員会　2020
角田徳幸『たたら製鉄の歴史』吉川弘文館　2019
加藤康子『世界遺産　明治日本の産業革命遺産　製鉄・製鋼、造船、石炭産業』「明治日本の産業革命遺産」世界遺産協議会　2015
鈴木敬二『特別企画展「線路はつづく」公式ガイドブック』兵庫県立歴史博物館　2018
鈴木敬二「波賀森林鉄道と波賀元気づくりネットワーク協議会の活動」（『産業遺産学会ニューズレター』26）産業遺産学会　2023
田路正幸・永惠裕和「高精度DEMにもとづく奥天小屋鉄山跡の再発見と分析」『ひょうご歴史研究室紀要』9 2024
永惠裕和「遺跡の地形判読・記録のための、遺跡立体図・縄張図の作成」『遺跡踏査とデジタル技術』奈良文化研究所　2023
西裕之『全国森林鉄道』JTBパブリッシング　2001
西野保行、小西純一、淵上龍雄「日本における鉄道用レールの変遷　－残存する現物の確認による追跡－」『日本土木史研究発表会論文集』2　土木学会　1982
日本工学会編『明治工業史 鉄道編』日本工学会明治工業史発行所　1930
日本国有鉄道『日本国有鉄道百年史』日本国有鉄道　1972
日本製鉄株式会社史編集委員会編『日本製鉄株式会社史:1934-1950』日本製鉄史編集委員会　1959
波賀元気づくりネットワーク協議会『波賀森林鉄道ものがたり ～山がにぎやかだった頃～』 2021
藤田淳「千種鉄を守り伝える －宍粟市立千種中学校の取り組み－」『ひょうご歴史研究室紀要』9　2024
松井和幸『鉄の日本史』筑摩書房　2022
松山晋作編『鉄道の「鉄」学』オーム社　2015

監修者・執筆者紹介

■監修者

村上　泰樹（むらかみ・やすき）
ひょうご歴史研究室協力研究員。元兵庫県まちづくり技術センター埋蔵文化財調査部次長。日本考古学専攻。主に兵庫県内の鉄生産と近世陶磁器を研究。
著作／「三田焼について」（『三田市史』別編２「三田の文化遺産」三田市、2002）。

土佐　雅彦（とさ・まさひこ）
元ひょうご歴史研究室客員研究員。元兵庫県立篠山東雲高等学校教諭。日本考古学専攻。主に日本製鉄史を幅広く研究。
著作／「『元文年中鉄山仕法書写』―解説と翻刻―」（共著。『ひょうご歴史研究室紀要』9、2024）。

坂江　渉（さかえ・わたる）
ひょうご歴史研究室研究コーディネーター。神戸大学、武庫川女子大学非常勤講師。日本古代史専攻。神話・祭祀と地域社会史を研究。
著作／『『播磨国風土記』の古代史』（監修。神戸新聞総合出版センター、2021）。

■執筆者（五十音順）

大村　拓生（おおむら・たくお）
ひょうご歴史研究室客員研究員。関西大学・大阪工業大学など非常勤講師。日本中世史専攻。畿内を中心とする都市・流通史を研究。
著作／「前期赤松氏の展開と禅宗寺院」（『ひょうご歴史研究室紀要』8、2023）。

笠井　今日子（かさい・きょうこ）
元ひょうご歴史研究室共同研究員。松江市立松江歴史館副主任学芸員。日本近世史専攻。主に近世たたら製鉄業史を研究。
著作／「『鉄山一件』からみる一八世紀後期播磨国宍粟郡のたたら製鉄」（『ひょうご歴史研究室紀要』3、2018）。

加納　亜由子（かのう・あゆこ）
ひょうご歴史研究室共同研究員。兵庫県立兵庫津ミュージアム学芸員。日本近世史専攻。西摂～東播磨の地域経済史、旧藩士の近代史などを研究。
著作／「明治維新期における士族の家経営―明石藩士から質屋へ―」（『ヒストリア』278、2020）。

鈴木　敬二（すずき・けいじ）
兵庫県立歴史博物館館長補佐兼事業企画課長。日本考古学専攻。主に煉瓦造構造物や鉄道構造物を中心とした産業考古学を研究。
著作／「山陽鉄道の煉瓦造構造物－兵庫県内での事例研究－」（『鉄道史学』36、鉄道史学会、2018）。

田路　正幸（とうじ・まさゆき）
元ひょうご歴史研究室共同研究員。宍粟市教育委員会社会教育文化財課文化財専門員。日本考古学専攻。主に宍粟市の文化財や歴史遺産を通じた地域史を研究。
著作／「播磨国宍粟郡における製鉄遺跡」（『ひょうご歴史研究室紀要』3、2018）。

永恵　裕和（ながえ・ひろかず）
ひょうご歴史研究室共同研究員。兵庫県立考古博物館主査（学芸員）。日本考古学専攻。南北朝期～近代の城館遺跡、GISを用いた地形解析を研究。
著作／「DEMデータを用いた、臺灣本島に所在する城館遺跡の分析」（『遺址十三』第二期、新北市立十三行博物館、2023）。

藤田　淳（ふじた・きよし）
元ひょうご歴史研究室研究員。兵庫県立考古博物館社会教育推進専門員・学芸員。日本考古学専攻。主に石器と木製品の製作技術を研究。
著作／「北近畿－京都府・兵庫県・滋賀県－」（『木の考古学　出土木製品用材データベース』共著。海青社、2012）。

◎本書刊行に向けて、リモート形式の論文検討会を、約1年と6カ月にわたり合計25回もった。それぞれの史・資料解釈については、必ずしも執筆者間の合意が得られたわけでなく、各論考の文責は執筆者自身にある。しかし本書には、各分野の最新の研究成果が示されていると確信する。

（監修者一同）

ひょうご鉄学（てつがく）いまむかし

播磨のたたら製鉄

2024年10月5日　初版第1刷発行

編　者＿＿兵庫県立歴史博物館ひょうご歴史研究室
監修者＿＿村上 泰樹　土佐 雅彦　坂江 渉
発行者＿＿金元 昌弘
発行所＿＿神戸新聞総合出版センター
〒650-0044　神戸市中央区東川崎町1-5-7
TEL 078-362-7140／FAX 078-361-7552
https://kobe-yomitai.jp
装丁・組版／神原 宏一
印刷／株式会社神戸新聞総合印刷

ISBN978-4-343-01243-2　C0021